メールはなぜ届くのか

インターネットのしくみがよくわかる

草野真一　著

ブルーバックス

必ずお読みください

本書に掲載されている情報は、**2014年4月時点**のものです。実際にご利用になる際には変更されている場合がありますので、あらかじめご了承ください。

コンピュータという性質上、本書は紹介しているパソコンの安全性を保証するものではありません。**本書で紹介しているパソコン操作を行う際は、すべて自己責任の原則で行ってください。**

なお本書は、パソコンの基本的な操作を一通りできる方を対象にしております。そのため、基本的な操作については、操作手順に含めておりません。

本書の中で例として記載されている氏名、会社名、住所、電話番号等は、すべて架空のものです。同一のものがあったとしても偶然の一致であり、実在するものとは無関係です。

著者、ならびに講談社は、本書の内容について**電話による質問にはいっさいお答えできません**。電話によるお問い合わせはご遠慮ください。

●カバー装幀／芦澤泰偉・児崎雅淑
●カバーイラスト・キャラクターデザイン／森マサコ
●本文図版／長澤リカ
●目次・章扉・本文デザイン／島浩二

はじめに

ある日、ぼくの元に友達のAくんからメールが届きました。

Aくんは日本から見て地球の裏側、南米に住む大切な友人です。

メールの記録を見ると、メールはまさに今さっき送信されたものであることがわかります。

Aくんがメールを出すのとそれをぼくが受け取るのとは、ほぼ同時だったのです。


いったいなぜ、こんなことが可能なのでしょうか?

Aくんのメールは、確かに地球の裏側から届いています。

いざ行こうとすれば数日は覚悟しなければならない遠方なのに、メールは「距離」を問題にせず、料金は変わりません。なぜでしょうか?


そう思うと、メールには不思議な点がたくさんあるのです。

まったく同じ内容のメールを、ぼくばかりでなく第三者も受け取ることができる。どうしてなのか。

かつてはパソコン上のメールソフトを用いることでしか扱えなかったメールが、現在ではスマホでも読めるようになっている。いったいどんな進化があったのか。

携帯電話のメールとパソコンのメールは仕組みが違うらしい。どう違うのか。

あの東日本大震災の日、帰宅難民となった東京在住のぼくは、東北はむろんのこと関東に住む友達にも、携帯電話のメールを送ることができなかった。それはどうしてなのか。

同じ状況に置かれたにもかかわらず、自在に連絡し情報を得ることができた人がいたのはなぜなのか。

地球の裏側からなのに、メールが瞬時に届くのはどうしてなのか。

本書は、こうした「メールに対する素朴な疑問」に解答を与えるために作られました。

メールはなぜ届くのか——。

本書を読み終えたとき、読者それぞれの中に、その解答が醸成されていることでしょう。解答の説明には、より多くの、深い知識が必要です。

それは変転きわまりないＩＴ業界において、ほとんど変わることのない、古びない知識でもあります。

読者はメールという近しいものを素材として、コンピュータの海——インターネットをも学ぶことになるのです。

Contents

3章　ウェブメールとウェブの変化

Contents

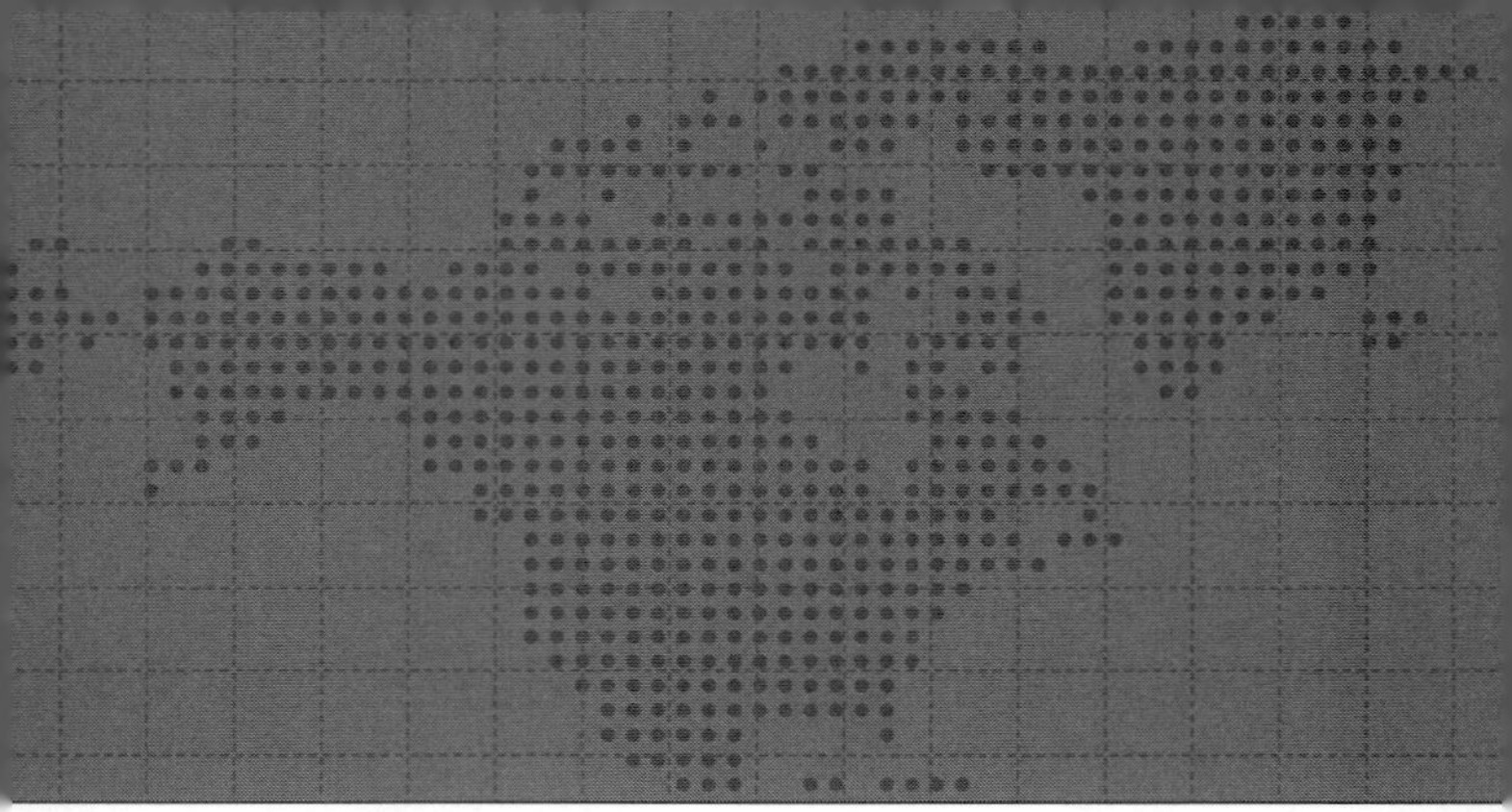

Contents

1章

メールでやり取りするのは
デジタルデータだ

>>>

1-1 やり取りするのはすべて1と0

●インターネットで実際にやり取りされているもの

「メールとは何であるか」

「インターネットとはどんなものか」

この二つについて知るためには、「通信」でやり取りされるものが何かを知らなくてはなりません。

「インターネット」をすごくシンプルに述べると、「たくさんのコンピュータがつながって、通信できるようになったもの」になります。

パソコン（パーソナル・コンピュータ＝ＰＣ）はむろんのこと、無線でネット接続する携帯電話や携帯ゲーム機、自動車の車載システムなど、インターネットに接続できる機器はすべてコンピュータです。インターネットには、形状や用途、性能の異なるさまざまなコンピュータ

10001010101010100110011011010101101010000110011011001011011011011

図1　デジタルデータの例

がつながっています。

インターネットでは、コンピュータ同士の「通信」が行われます。「通信」では、メールやウェブページ、音楽や画像、映像など、さまざまなものが扱われます。しかし、コンピュータ同士がやり取りしているのは、ただ一種類だけなのです。人間にとってそれがどのように見えようと、「通信」しているのは、すべて一様にデジタルデータです。

デジタルデータとは、図1のようなものです。ああ、これね！　見たことある！　そう思った人もいるかもしれません。インターネットでコンピュータ同士が実際にやり取りしているのは、このような1と0でできた数字の列です。

デジタルデータが使われているのは、コンピュータ同士の「通信」に限りません。CDやDVDに記録された音楽や映像のデータ、デジカメの写真、テレビのデジタル放送といったデジタル機器で扱うものも、すべて1と0の列で表現されています（次ページ図2）。

とは言え、コンピュータ同士が通信するデータが1と0である、と言われても、何やらピンとこないのも事実でしょう。

次のような疑問を持たないでしょうか。

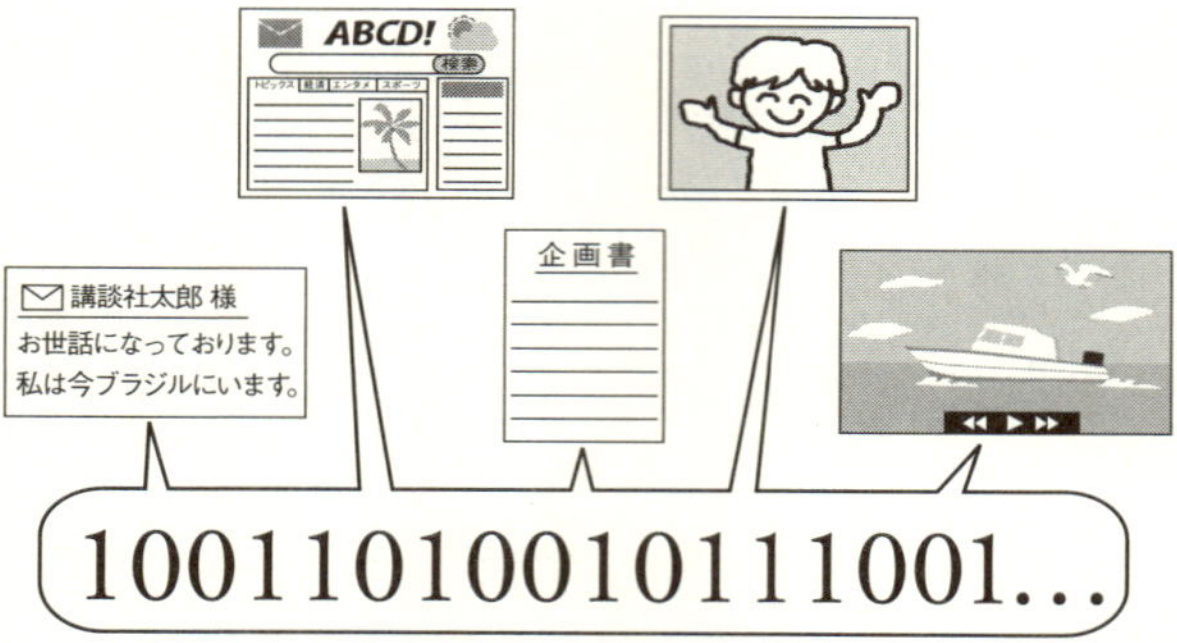

図2　すべてのデジタルデータは1と0の列でできている
メールやウェブページ、ワープロ文書、画像、映像のデータは、すべてデジタルデータ。

「なぜ1と0以外の、2とか7など他の数字が使われないのか?」

「なぜ数字以外の、アルファベットの文字などが使われないのか?」

これらの疑問を解くには、「コンピュータとは何か」についてある程度理解する必要があります。

●なぜ1と0なのか

「コンピュータとは何か」を知るために、コンピュータが発明された当時のことをふりかえってみましょう。なぜコンピュータが「1と0でできたデータ」を扱うのかも理解できると思います。

現在、わたしたちが使うコンピュータ——パソコンや携帯電話はむろんのこと、家電製品や自動車に搭載されているものを含む——は、第二

図3　最初期のコンピュータ、EDSAC(イギリス)
ほぼ12畳の部屋いっぱいの大きさだった。Copyright Computer Laboratory, University of Cambridge. Reproduced by permission.

次世界大戦の前後にイギリスとアメリカで生み出されたマシンをルーツとしています。

当時のコンピュータは、部屋全体を占拠するほどに巨大な計算機械で（図3）、軍事目的で開発が進められたものでした。軍事作戦の立案のためには、どうしても複雑な計算が必要だったのです。

たとえば弾道計算です。大砲の弾がどこから出て、どこに落ちるのかを知ることは、軍事作戦上とても大切なことでした。砲弾の軌道を知ることは、口で言うほど単純なことではありません。砲弾は運動エネルギーばかりでなく、空気抵抗や重力など、さまざまなものの影響を受けて落下します。その軌道を予測するためには、おそろしく複雑な計算が必要になるのです。

コンピュータが発明されるまで、これらの計算は人の手を使って行われていました。巨大な計算機械は、弾道計算をはじめとする複雑な計算を、人の手を介さず、正確に執り行う機械として発明されたのです（ちなみに、かつてcomputerとはその名のとおり、「計算を職業とする人」を示していました）。

この発明のポイントは、簡単に言えば次の二つになります。

・計算（四則演算）は、1と0、二つの数があればこなすことができる
・1と0は、電気のオンとオフに当てはめることができる

1と0とは、わたしたち人間が慣れ親しむ数である「10進数」が、10になるタイミングで桁上がりするのに対し、2になるタイミングで桁上がりする「2進数」です（図4）。要は記号が二種類あればいいという話で、たとえば○と×、■と▲でもいいわけですが、慣例的に数字が用いられています。

2進数を使えばすべての計算ができるという発見は、コンピュータが発明された時代よりずっと前の18世紀初頭、ドイツの数学者ライプニッツによって成されています。したがって以前から知られていたことだったのですが、当時は発見者であるライプニッツ自身、これが果たして何の役に立つのかはわからなかったそうです。

2進数は2になるタイミングで桁上がりする(下表)。機械が理解する言葉なので、「機械語」と呼ばれる。

2進数	10進数
0000	0
0001	1
0010	2
0011	3
0100	4
0101	5
0110	6
0111	7
1000	8
1001	9
1010	10
1011	11
1100	12
1101	13
1110	14
1111	15
0001 0000	16

2になるタイミングで桁上がりする

人間が10進数を使うのは、指が10本だからだと言われている。1から指折り数えて、数えられなくなったときに桁上がりするというのは視覚的にもわかりやすい。

2進数計算は、パソコンに付属の電卓で行える

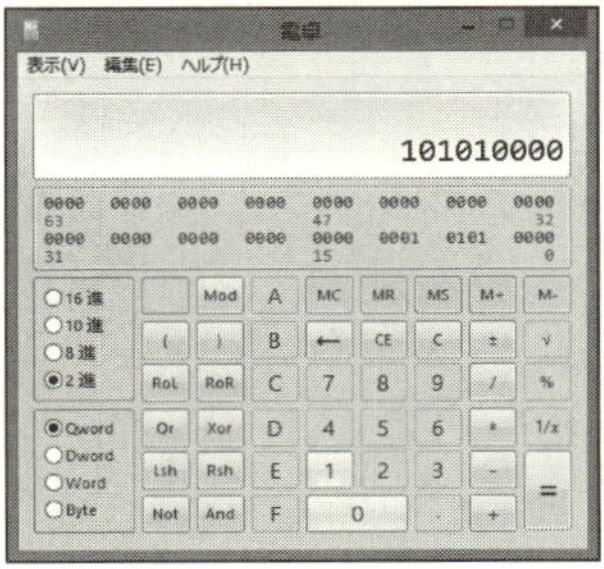

パソコンに付属している電卓は、2進数を使って計算することができる。
10進数の計算を2進数で行うこともできるし、その逆も可能。どんな計算でも2進数で演算できる。

図4　2進数

しかし、2進数を電気のオンとオフに当てはめたとき、「数字は電気で伝達することができる」「機械を使って計算することができる」という大きなイノベーションが起きました。

1と0によって数字を表すならば、電線を通して電気で数字を伝達することが可能になります。数字を伝えるために、スイッチを入れたり切ったりすればいいわけです。実際には、スイッチを切ってしまうと電気は流れなくなってしまうので、電流を流す力＝電圧を高くしたり低くしたりして違いを出しています。

そうして送られた数字を、回路を組み替えることによって処理（演算）し、答えとして出力する――これがコンピュータです。コンピュータとは電子計算機と訳されますが、まさしくそのとおりで、電子（電気）の力を使って計算する機械を指します。

●コンピュータ内では繰り返し演算が行われる

コンピュータの仕事は、現在も発明当時の「原初のコンピュータ」から一歩も進歩していません。2進数によって与えられた数値を処理、つまり演算することによって、別の数値に変えることの繰り返しです。

「原初のコンピュータ」は計算のためだけに使われていましたが、現代のコンピュータの使用目的は計算だけではありません。メールを送受信したり、ワープロソフトで文書を作成した

図5　数値を演算して別の数値に変える例

り、音楽や映像を再生したりするときにも使われます。それぞれがコンピュータの大切な仕事ですが、どの場合でもコンピュータがやっていることは、2進数によって与えられた数値を演算し、別の数値に変えることだけです（図5）。

コンピュータを使えば、さまざまな表現を行うことができます。文字を表現したり、音楽を表現したり、映像を表現したり。どの場合であっても、そう感じているのは人間のほうで、コンピュータはただ一つのことしかやっていません。入力された数字を、計算式に従って演算し、別の数字にして出力する、その繰り返しです。

なお、演算のために与えられる計算式に当たるものをプログラムと呼びます。プログラムもデジタルデータなので、同じく数値（1と0の列）で与えられます。

●インターネット上で通信するのは、すべて1と0

話をインターネットに戻しましょう。

インターネットでやり取りされるのは、すべてデジタルデータです。友達とのメールのやり取りも、ウェブページの閲覧も、YouTubeなどを利用しての動画視聴も、音楽ダウンロードも、スカイプなどのIP電話も、1と0の「数値」をやり取りすることで行われます。

よく、メールの添付ファイルやネットからダウンロードしたファイルなどが、「うまく開かない」「うまく表示できない」という症状を呈することがあります。再送信してもらったり、もう一度ダウンロードしたりして対処するのですが、これは「1と0」で構成された数字の列の一部が、送信の途中で欠けてしまったり、なんらかの要因で変わってしまったりすることで起こります。データを構成する1が1個欠けても、一つの数値1が0に変わっただけでも、ファイルは正しく表示されません。

コンピュータで扱うのはすべてデジタルデータであり、インターネットで送受信するのも同じくデジタルデータ、すべては数字の1と0です。このことは、通信を理解するうえでとても大切なことです。通信とはすなわち、通信回線を用いて1と0をやり取りすることにほかなりません。

1-2 デジタルデータの特徴

●アイコラとデジタル

わたしたちがメールを用いてやり取りするデータは、すべてデジタルデータです。例外はありません。「デジタル」には「アナログ」という対《つい》になった言葉があり、世の中はアナログな情報であふれていますが、メールで扱うものにはアナログデータは含まれていません。すべてデジタルデータです。

デジタルデータの特徴は、その正体が数値（1と0の列）で成り立っていることに集約されます。

画像をもとにして説明しましょう。

90年代、まだパソコンやインターネットが珍しかったころ、大いに流行したものに「アイコラ」があります。要するにアイドル写真のコラージュで、本来はヌードになっていないアイドルの写真から顔だけを切り抜き、ヌードモデルの肉体の写真とつなげて1枚の写真を作るのです。完全に犯罪であるため、現在では大っぴらには作られなくなっていますが、廃れることはあり得ないと言われています。

また、アイドルを育てるには「美人の女の子を一人雇うより、フォトショップ（Adobe社の有名な画像加工・写真編集ソフト）に熟達したスタッフを一人雇え」と言われるくらい、グラビア写真にフォトショップの操作は付きものになっています。髪型を変えたり、小じわを取ったり、表情に陰影を付けたりの写真修整は、日常的なことであると言えるでしょう。

アイコラを作ったり、フォトショップを用いて写真に修整を加えたりできるのは、それがデジタルで構成された画像だからです。

デジタル画像は、いくらでも加工することができます。2枚の写真をくっつけて1枚にしたり、1枚の写真を切り離して2枚にしたりするのは造作もありません。いわゆる写真の編集——写真から余分な部分を取り除いたり描き加えたりすること——をするのも、手間はかかりません。

フォトショップなどのソフトウェアはそれを可能にするために存在しますが、これらのソフトがやっていることは、実際のところ「数値の入れ替え」にすぎません。画像を切り離したり色を加えたりしているように見えるけれども、実際には1111000を10101010に変更しているだけ。それが「写真をいじった」ように認識されるのです。

●デジタルとアナログ

一方、アナログ画像ではこうはいきません。

たとえば、紙に印刷されたアナログ写真2枚を組み合わせてアイコラ画像を作る場合を考えてみましょう。2枚の異なる写真をくっつけて1枚にするのですから、どうしたってムリが生じます。「継ぎ目」ができてしまったり、不自然なよじれや色の違いが生じてしまったり。きれいな合成写真を作るのは、ことのほか難しいのです。

アナログデータには、デジタルデータにはない弱点が他にもあります。

アナログデータは、替えがききません。アイコラを作るために写真を切り刻んでしまったら、もう元には戻りません。デジタル画像なら、そんなことにはならないのはわかるでしょう。写真を切り刻む前にコピーをとっておけば、どんな改造を経ても元の絵は残ります。また、少々苦労を経るかもしれませんが、元の状態に戻すことだってできます。いずれも、その正体が単なる数値だからこそできる、と言えるでしょう。

また、アナログデータは時間が経てば腐敗したり劣化したりします。古い絵や写真は、変色や経年劣化を防ぐことはできません。この点、デジタル画像ならいつまでもみずみずしい色あ

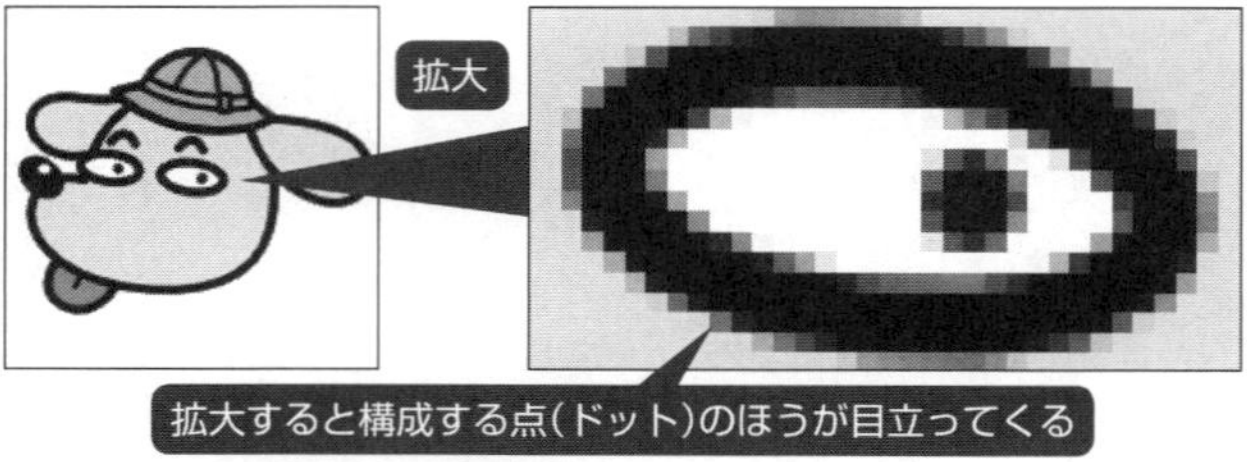
拡大
拡大すると構成する点(ドット)のほうが目立ってくる

図6　拡大するとドットが見えるのは、デジタルデータの弱点
デジタル画像データは拡大を続けると、数値で指定された点(ドット)が見えはじめ、画像が荒れてくる。絵を点の集まりとしてしか表現できないのはデジタルの限界だ。

いを記録することができます。データを保存するためのディスクはアナログですから、古くもなるし劣化もしますが、データそのものはデジタル、すなわち数字の列です。時間が経っても変わることがありません。

●デジタルを拡大すると……

デジタルはアナログにあらゆる点で勝っている。そんなふうに早合点したくもなりますが、もちろんそんなことはありません。いい点があれば、悪い点だってあるのです。

たとえば、画像のデジタルデータは、写真や絵を点（ドット）の集まりで表現することが多くなっています。色が数値（1と0の列）で指定され、そうした点が集まって一つの「写真」や「絵」を表現するのですから当然のことでしょう。したがって、どんなに精緻に描かれた絵であっても、拡大に拡大を重ねていけば、絵そのものより点（ドット）のほうが目立ちはじめます（図6）。

紙に印刷された画像（アナログデータ）なら、こんなことはほとんどありません。拡大を重ねても、画像は画像であることをやめないのです。アナログデータの重要な特徴です。

なお、拡大すると点（ドット）が目立ちはじめるデジタル画像（ビットマップ画像）の弱点を補うベクタ画像も開発されています。

●拡大に耐えうるデジタルデータを作るには

拡大しても点（ドット）が目立つことのない画像を作るには、どうしたらいいでしょうか。

基本的には、デジタル画像を扱うかぎり、これを防ぐことはできません。数値で指定された点（ドット）を集めて1枚の絵のように「見せた」もの。それがデジタル画像だからです。

ただし、こうしたデジタル画像の宿命から、できるかぎり遠ざかることは可能でしょう。

拡大を重ねて点が目立ってくるのは、画像を構成する点の数が少ないからです。これを増やしていけば、一つ一つの点が細かくなり、点が目立ちにくくなります。精細で緻密な画像は、必ずこのように点の数が多くなっています。

「画像を構成する点の数が多い」とは、それを構成する数値（1と0の列）が多いということを意味しています。

わたしたちが「データ量が大きい」という場合、それは「1と0の列が長い」ということを意味するのです。

数値（1と0の列）が多いと、コンピュータで処理をするために時間がかかります。点の色を変える（＝計算する）のも大変ですし、計算を行うためにディスクから読み込むのも容易ではありません。

こうしたデータは「重いデータ」と表現され、インターネットでやり取りするのには向いてない、と言われます。反対に「軽いデータ」とは、それが少ない数値でできていることがすぐに明かされてしまうようなデータです。

いずれにせよ、コンピュータで扱うことができるのは、コンピュータで「計算」することができるデジタルデータだけです。アナログデータ——たとえば紙に印刷された写真——は、それをスキャンして「数値」というデジタルデータに変えないかぎり、扱うことはできません。

インターネットにおける「通信」とは、コンピュータ間で「数値」をやり取りすることにほかなりません。誰かに向けて「メールを書く」とは、誰かに向けて「数値」を送りつけることを意味しているのです。

ただの「数値」に過ぎないものを、あるいは「文字」として、あるいは「画像」として、あるいは「音声」として解釈するには、それを送る側にも受け取る側にも、ある「取り決め」

「約束ごと」が必要です。これをプロトコルと呼んでいます。ここでは詳らかにふれませんが、本書では幾度となく出てくる重要なことばです。

COLUMN

動画とブルーレイ・ディスク

コンピュータでの動画は、いわゆるパラパラマンガと同じ原理で成り立っています。前のとよく似ているが、少し異なる画像を作っておいて、複数枚の画像を連続して再生するのです。すると、絵が動いているように錯覚されます。

当然のこと、流麗で美しい動画を再生するには、動画を構成する一枚一枚の画像の解像度（美しさ）を高めていくばかりでなく、1秒を表現する画像の数も増やしていく必要があります。

よく、DVDとブルーレイの画質を比べて、「DVDよりブルーレイのほうがずっと美しい」と言われますが、これは単純に動画を表現するためのデータ量が増加しているためです。ブルーレイの映像を表現するためには、データ量（＝1と0の列）が、DVDの5倍以上必要だと言われています。当然のこと、ブルーレイを再生するためにはそれに見合うマシンパワーも要求されるわけです。

1-3 インターネットの形

前節で、デジタルデータの特徴について学びました。本節では、デジタルデータをやり取りするインターネット全体の形について紹介します。

●家庭のネットワーク

インターネットの形を学ぶには、まずコンピュータ・ネットワークについて知る必要があります。

コンピュータが複数つながって、相互に「通信」が可能になったもの、それがコンピュータ・ネットワークです。あなたがパソコンや携帯電話でインターネットに接続するとき、必ずその機器はネットワークに所属しています。ここでは、一般家庭の場合を例に紹介しましょう。

家庭でインターネットを利用するとき、多くの場合はブロードバンド・ルータ（以降ルー

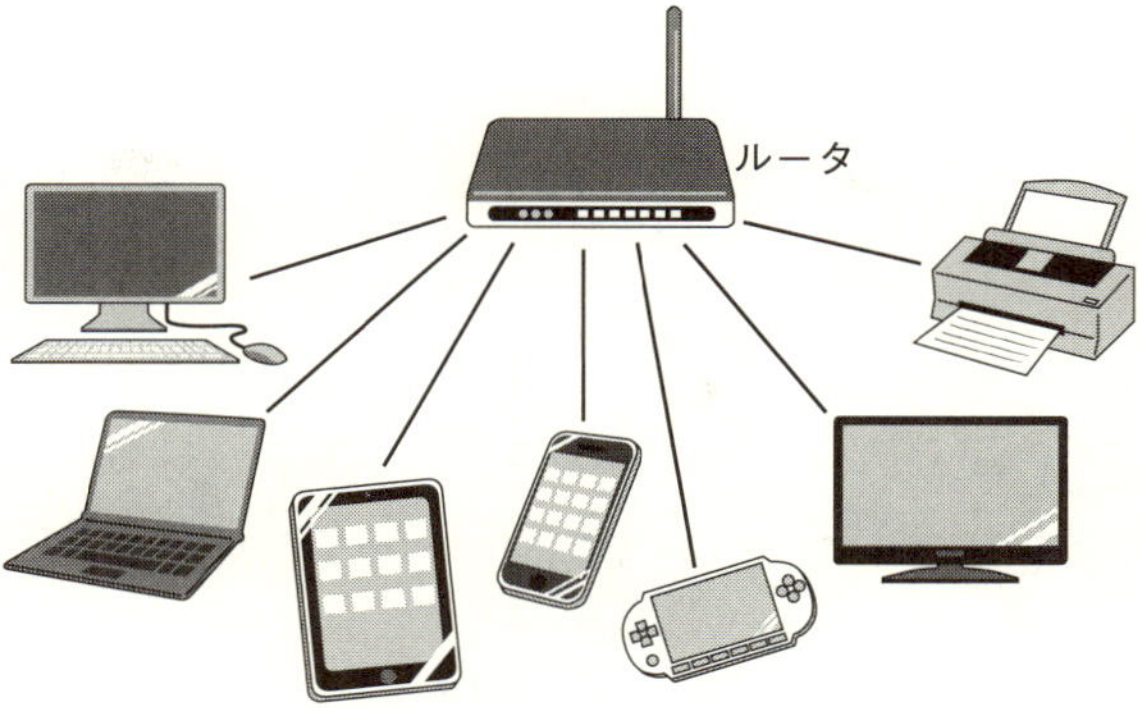

図7　一般家庭のネットワーク（ルータと接続）
ルータはネットワークの各機器に対して、インターネット接続を提供する。ネットワークの機器は相互につながって通信する場合もある。

タ）やADSLモデムといった機器に接続します。図7のように、ルータに接続される機器はパソコンだけではなく、スマートフォンやタブレット、携帯ゲーム機やテレビ、プリンタもあります。

このとき、家庭内ではルータを中心にしてコンピュータ・ネットワークが形成されています。仮にルータにつながっているのがたった1台のマシンであっても、それはネットワークです。

あとで詳しく述べますが、ルータも1個のコンピュータです。接続するさまざまな機器と共に、ネットワークの一員としてふるまいます。

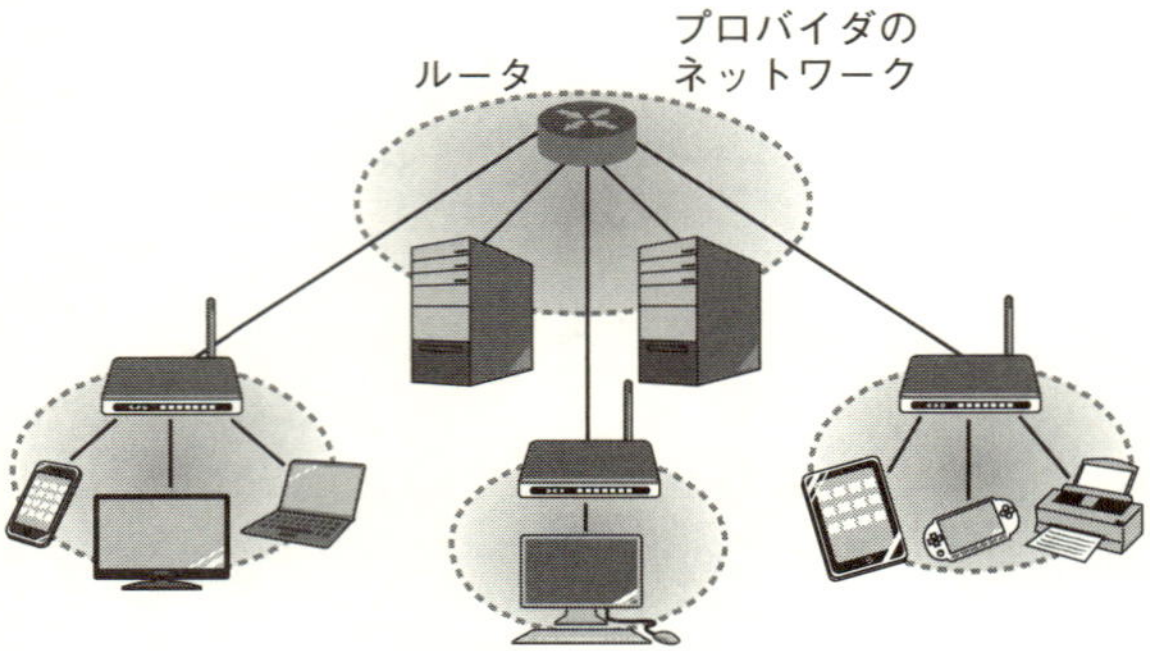

図8　プロバイダのネットワークと接続
複数の契約者がプロバイダに接続し、ネットワークを形成する。プロバイダはそれ自身がIX(世界とのつながり)を持つ大きなものから、大きなプロバイダから回線を提供されている小さなものまでさまざまある。

●ネットワークが複数結びつく

前項の説明で、家庭内で作られる小さなネットワークの形がわかりました。ここではさらに、ルータの「先」について考えていきましょう。

ルータは多くの場合、プロバイダ（ISP／Internet Service Provider）のネットワークに接続しています（図8）。つまり、プロバイダのネットワークの一つの要素になっているのです。

プロバイダはさらに上位にあるプロバイダのネットワークに接続しています（図9）。

上位にあるプロバイダの先は、世界のネットワークとつながりのあるIX（Internet Exchange）を介して海外のネットワークと

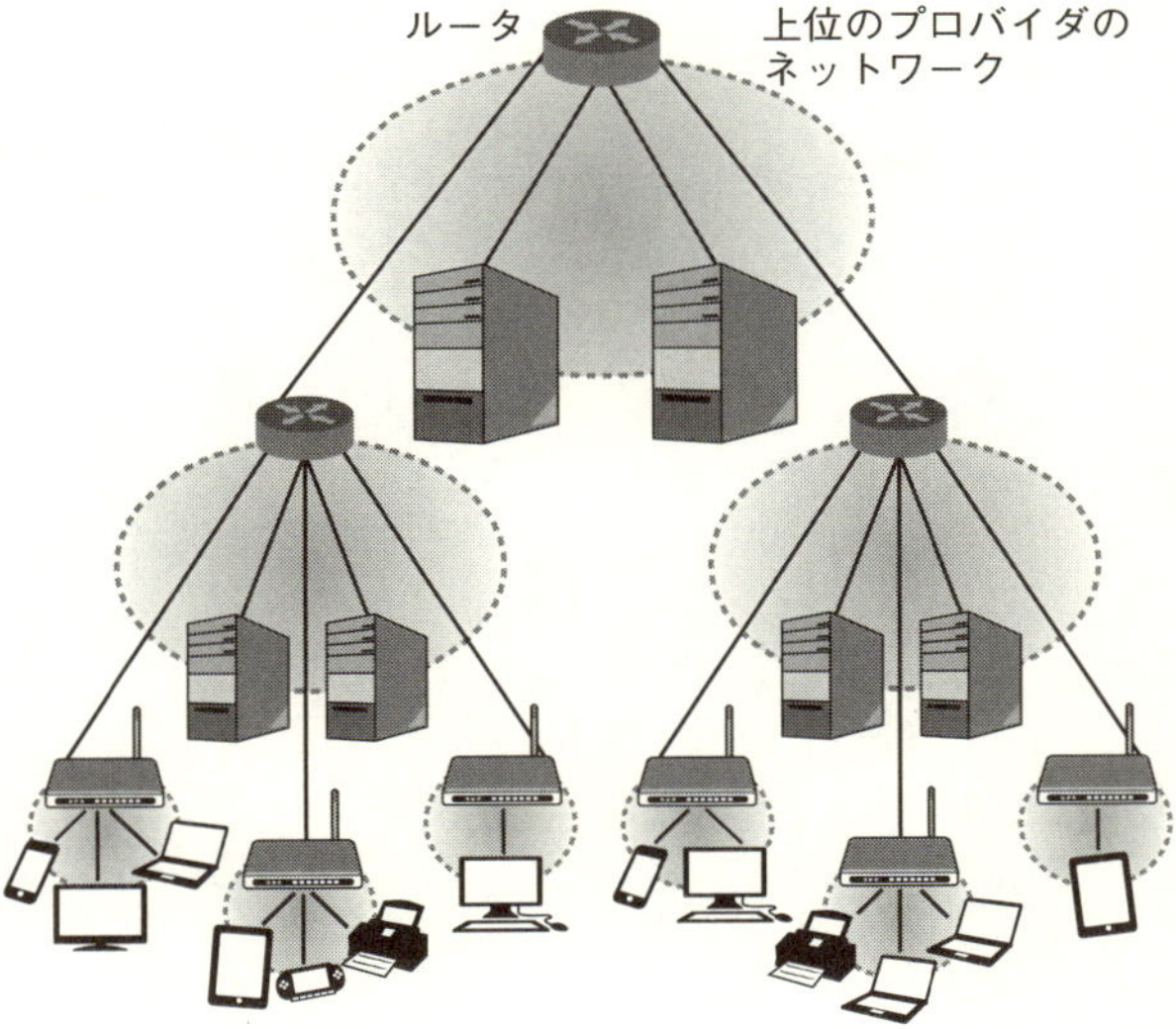

図9　プロバイダのプロバイダと接続
いくつかの小さなプロバイダが、上位にあるプロバイダに接続し、巨大なネットワークを形成する。

接続します（次ページ図10）。

このように、インターネットは小さなネットワークをつなげた大きなネットワークの、さらに大きなネットワークとして、世界全体に広がっています。

Internetのinterは「インターナショナル」「インターフェイス」「インターチェンジ」「インターポール（国際刑事警察機構）」などの言葉に見られるinterと同じもので、「複数のものの結びつき」を意味しています。つまり、インターネット

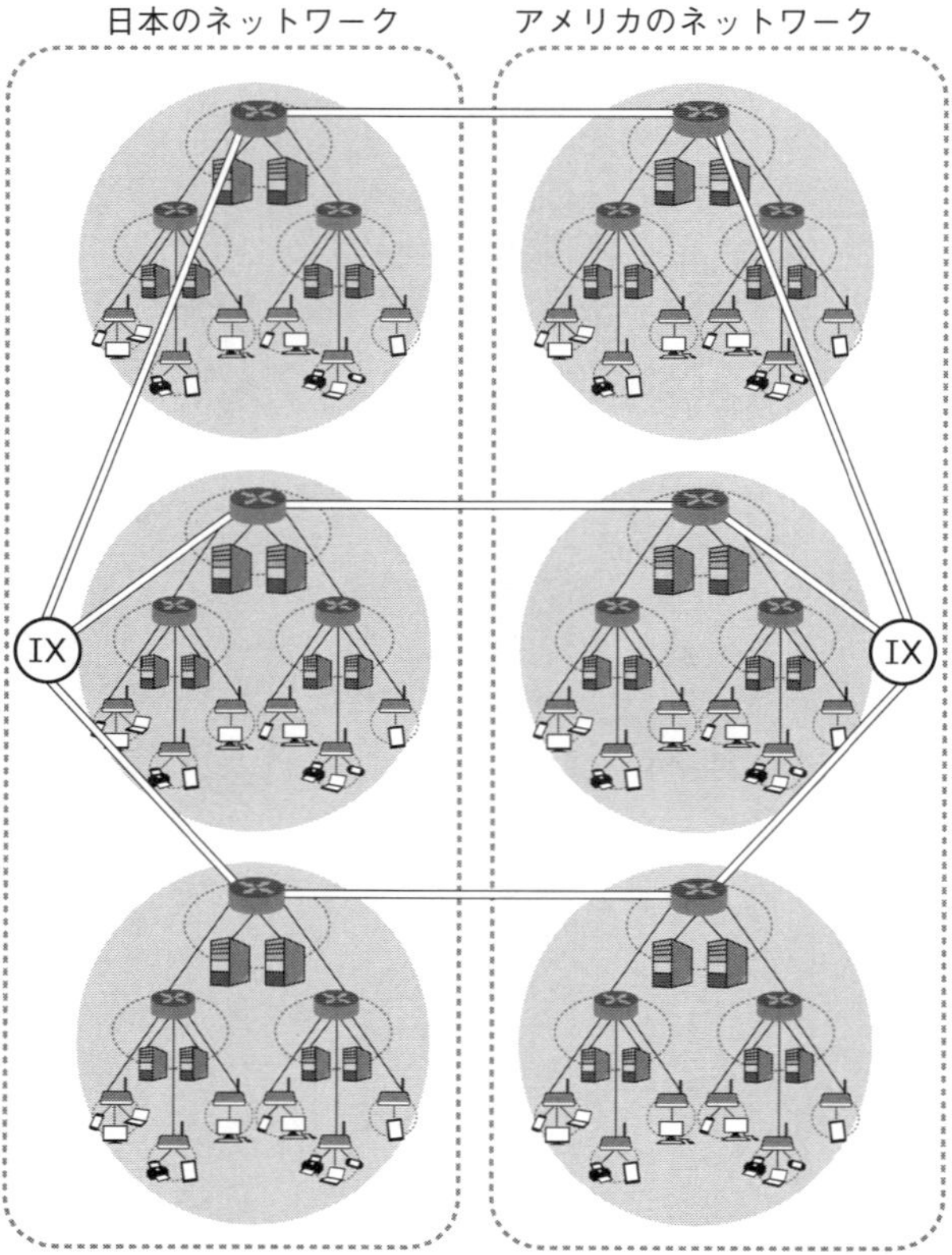

図10　世界とのつながり
上位にあるプロバイダには、ちょうど鉄道駅のジャンクションのようにさまざまなネットワークが乗り入れる。上位プロバイダのいくつかはIXを持ち、世界とつながっている。日本以外の国でも同様の仕組みが取られている。

いるのです。
(Internet) とは、まさしく「コンピュータ・ネットワークが複数結びついたもの」を指して

1-4 インターネットに欠かせない「取り決め」とは?

前節までで、デジタルデータがやり取りされるインターネットの形を大まかに理解できたはずです。インターネットとは「コンピュータ・ネットワークが集まったもの」であり、コンピュータ・ネットワークとは「複数のコンピュータがつながったもの」を指します。

ここでは、コンピュータが相互につながり、ネットワークを形成するために必要なものについて考えてみましょう。

●プロトコル=取り決め

コンピュータ同士の通信について考えるとき、どうしても避けて通ることができない言葉があります。「プロトコル (Protocol)」です。

日本人にとっては耳慣れない言葉ですが、もともとは外交用語で、国家間で交わす「約束ごと」「決めごと」「取り決め」というような意味を持ちます。たとえば、1997年に地球温暖化の要因となる炭酸ガス排出に関し、国際的な取り決めとして策定された「京都議定書」は、「Kyoto Protocol」を和訳したものです。直訳すると「京都での取り決め」となります。プロトコルはこのように、国家間での約束ごとに際して使われてきた言葉です。

インターネット／ネットワークにおける通信の場面で「プロトコル」という言葉が使われるときも、同様に「(異なるもの同士での) 取り決め」を意味します。

通信プロトコル――すなわち通信のための「取り決め」としてどんなものがあるか、わかりやすいものをいくつかあげてみましょう。

・通信に使うケーブルはどのようなものか
・無線電波をどう使うか
・遠く離れた相手にデータをどう運ぶのか
・データはどのように送り、受け取るのか
・データが届かなかったり、壊れたりしたらどうするのか
・メールの送信はどのようにするか

・メールの受信はどのようにするか
・ウェブページの表示はどうするか
・ファイルのやり取りはどうするか
・リアルタイムに映像を再生するにはどうするか

インターネットは、これらの取り決めをすべて守ることで通信が可能になります。つまり、「インターネットについて知る」とは、そのまま「プロトコルを知る」ことなのです。

●インターネットにはプロトコルがたくさんある

インターネットには、本当にたくさんのプロトコルが存在します。先ほどあげた例は、その一部にすぎません。

「通信」の相手になるのは、世界中に何十億台もある、種々雑多なコンピュータです。コンピュータには、実に多くの種類があります。機器の種類も、パソコン、携帯電話、スマートフォン、タブレット、車載システム、ウェブテレビとさまざまです。31ページに掲載した家庭用のネットワークの図にさまざまな機器が接続されていたことを思い出してください。それぞれがインターネットを構成する一つの要素であり、原理的にはそのすべてと「通信」が可能でなくてはなりません。

これらすべてのコンピュータと正確に情報のやり取りをするためには、あらかじめ「こういうルールでやるよ！」という取り決めを明確にしておかなければならないのです。そうでなければ通信できない。これが、インターネットにすさまじい数のプロトコルが存在する最も大きな理由です。

●インターネットでのプロトコルの必要性

インターネットにとってプロトコルが重要な理由は、もう一つあります。これは、同じ通信ネットワークである固定電話のネットワークと比べるとわかりやすいでしょう。

固定電話のネットワークでは、「通信を制御する部分」は電話局内の電話交換機に存在します。通話は、相手が所属する電話局内の電話交換機と交信することで成立します（図11）。

この仕組みはよく、紙コップと糸を使った糸電話の仕組みにたとえられます。誤解を恐れず言えば、個人が使う電話機そのものは紙コップが少々上等になったものにすぎません。通信のための複雑なシステムはすべて、中央にある電話局内に存在しているのです。

インターネットはそうではありません。通信を制御するのは、中央ではなく、通信する主体――つまり自分のマシンと通信相手のマシンであり、通信の「両端」なのです。

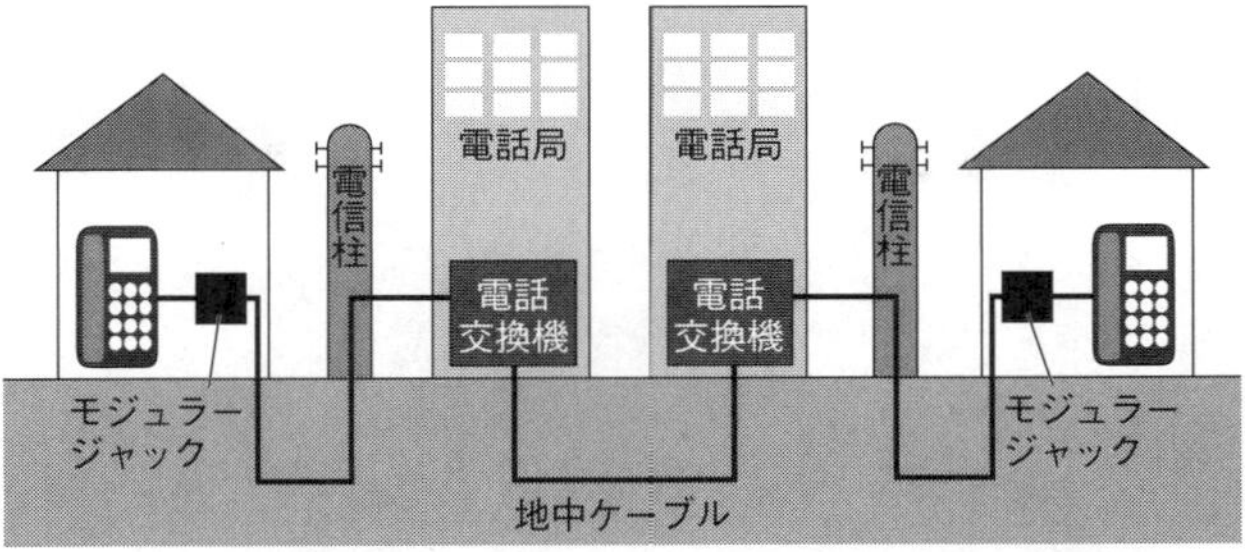

図11　固定電話の場合、通信を制御するのは「電話交換機」
電話機そのものは通信を制御しない。重要なのは中央にある電話交換機で、通話のほぼすべてを担う。

次ページ図12にあるように、インターネットにも通信の「中間」は存在しています。複数のルータがそれに当たります。ルータは「中継機」と訳されますが、まさに「中継」するだけの存在です。やってきたデータを単に右から左に渡すだけ、データが実際に届くかどうかも、そのデータがどんな意味を持つかも一切関知しません。

インターネットにおいて通信を制御しているのは、「中央」ではなく「両端」です。それゆえ、データを「どう送るか」「どう受け取るか」を取り決めたプロトコルが大量に必要になります。

さて、本章ではここまで「メールが届く仕組み」を理解していくための前準備となる内容を説明しました。簡単に確認しておきましょう。

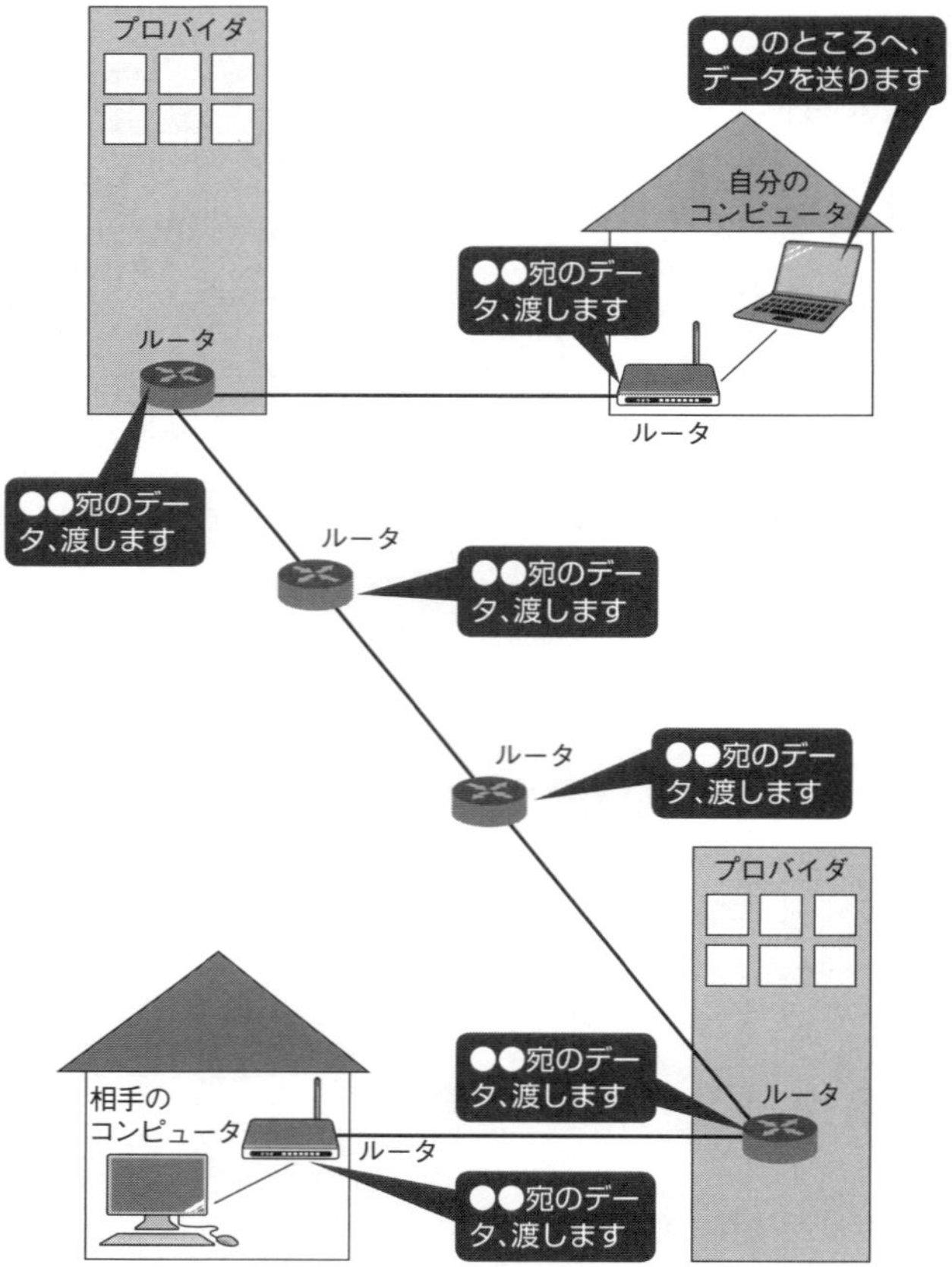

図12　インターネットの場合、通信を制御するのは自分のコンピュータと相手のコンピュータ

自分のコンピュータと相手のコンピュータが通信を決める。ルータは基本的にやってきた情報を宛先に向けて渡すだけ。

・「メールとは何であるか」

メールはデジタルデータ（1と0の列）である。コンピュータはデジタルデータを不断に扱っており、メールとその他のデータとの違いは存在しない。「メール」を「メール」として表示するためには、プロトコル（取り決め）を守る必要がある。

・「インターネットとはどんなものか」

ネットワークとは、複数のコンピュータが接続されたもののこと。インターネットはネットワークがいくつもつながった「ネットワークのネットワーク」である。

本章で得た知識をもとに、次章では、実際にメールをやり取りしたり、ウェブページを表示したりするときのデータの流れを見ていきます。

2章

メールやウェブページのデータが届くまでの流れ

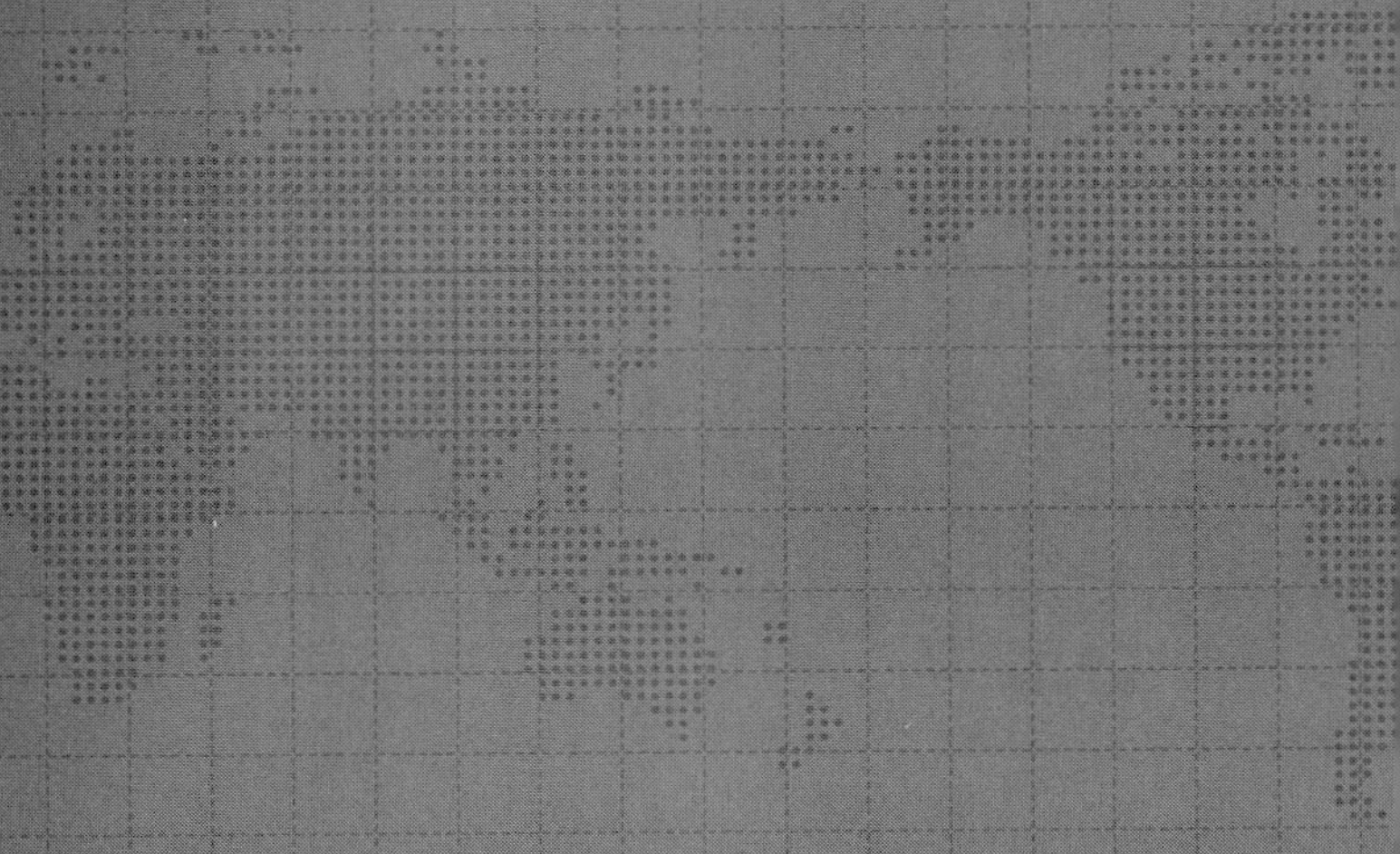

>>>

2-1 データを人間に役立つ形で表示するために

本章では、具体的にメールを送受信したりウェブページを表示したりする場合を考えながら、インターネットでどのようにデータがやり取りされているのかを見ていきます。

前章でふれたように、インターネットにおける「通信」で最も重要なのは、プロトコルです。この章では、「機械のことば」でしかないデジタルデータを、人間に理解できる形で表示するためのプロトコルを見ていきます。

●デジタルデータは「解釈」で見え方が変わる

前章で説明したように、通信でやり取りされるデータは、1と0の列でできた極めて無性格なデジタルデータです。

デジタルデータを「メール」や「ウェブページ」など、人間が理解できる形で表示するためには、「送信する人」が望んでいる形で、「受信する人」がデータを受け取り、表示しなくては

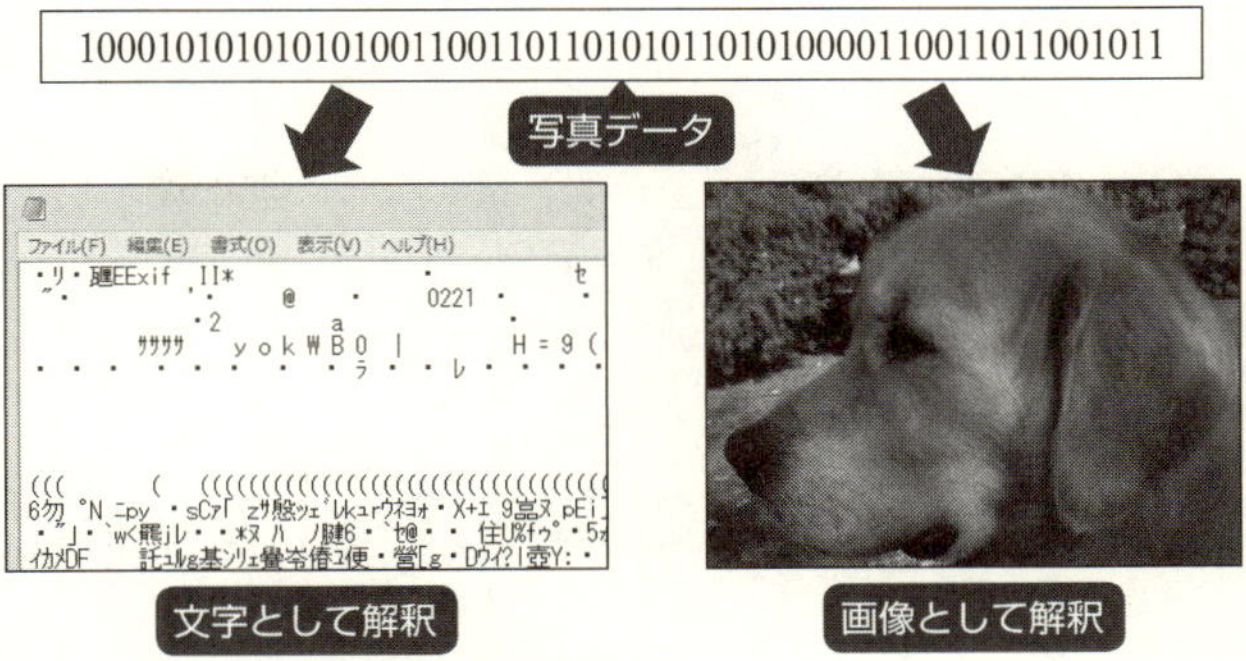

図1　デジタルデータの解釈の違い
画像データを、テキストを表示するためのソフト「メモ帳」(Windows付属のエディタ)で開くと、意味不明の文字が表示される。「解釈」が異なると人間の役に立たない形で表示されてしまう。

なりません。そのあたりをきっちり決めておかないと、「通信」は成り立たないのです。デジタルデータはどんなふうにでも解釈できるので、その「解釈」をあらかじめ決めておく必要があります。

データの「解釈」がいかに重要であるかを知ってもらうために、一つ例をあげましょう。

パソコン上で、写真のデータをダブルクリックすると、画像表示ソフトウェアが開いて写真が表示されます。これは通常の場合ですが、あえてこれを別のソフトウェアで開いてみましょう。

図1は、写真のデータをエディタ・ソフト「メモ帳」で開いた様子です。見てのとおり意味不明の文字列が表示されます（図左）。

これは、デジタルデータすなわち数字の1と

0で構成されたファイルを、「画像」の形ではなく、「文字」と解釈して表示したために起こります。データはまったく同じでも、「見え方」は開くソフトウェアによってまったく変わってしまうのです。

「メモ帳」に表示されたのは人間にとってまったく役に立たない、意味不明の文字列ですが、これはコンピュータのエラーではありません。コンピュータは「画像データ（を構成する1と0）を文字と解釈して開け」と言われたからそうしただけです。

この例でもわかるように、1と0でできたデジタルデータを人間に理解できるように、役に立つように表示するためには、「そのデータは何を意味するものなのか」「どんなソフトウェアで表示するべきなのか」をハッキリさせる必要があります。

●メールをメールとして受け取るために

前項の例のように1台のコンピュータの中で完結する話なら、人間がおかしな命令（「画像データを文字と解釈して開け！」）を与えないかぎり、意味不明の文字列が現れたりすることは滅多にありません。

しかし、「通信」ではそうはいきません。データを送る人がいて、それを受け取る人が必ずいるのです。送る側が「これは画像だ」と思って送っているのに、受け取る側が「これは文字

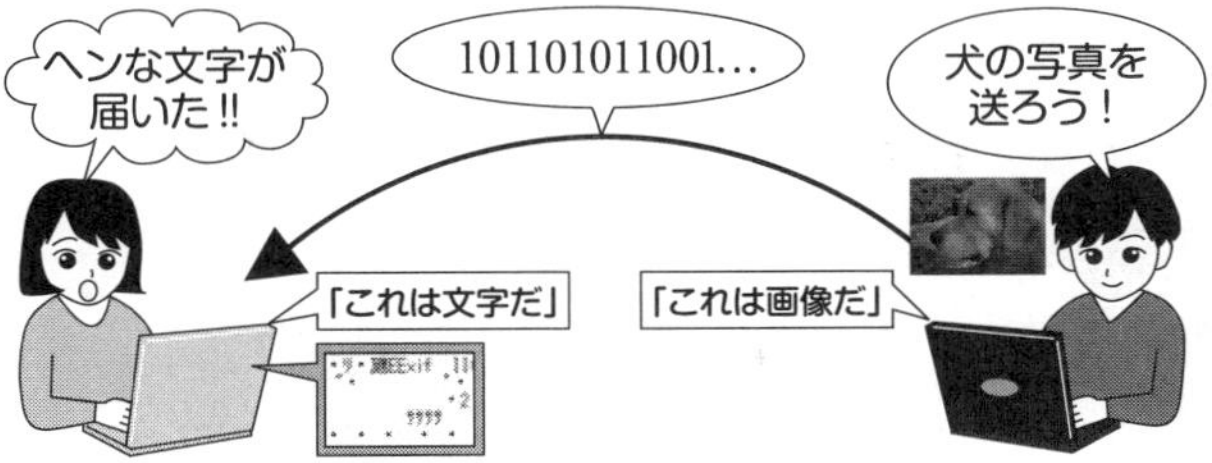

図2　「解釈」が異なると「通信」は成り立たない
送られるデジタルデータをどう解釈するのか。それが決まっていないと、「通信」は成り立たない。そのための取り決めがアプリケーション・プロトコル。

だ」と解釈したならば、「通信」は成り立たなくなってしまいます（図2）。

送信した人が「メール」と考えて送ったならば、受け取る人も「メールだ」の形で受信してもらわなければ困ります。そうでないと、画像を文字として解釈して表示したときのような、おかしなことが起こります。「役に立たないもの」が送られてしまうことになるのです。

このために必要な取り決めが、「アプリケーション・プロトコル」です。「通信」する際には、送信する側は「これはメールのデータである」「ウェブページのデータである」「画像である」というようにあらかじめ宣言する必要があり、受け取る側に正しく表示してもらわなければなりません。つまり、「通信」の際には、「宣言（プロトコル）」もデジタルデータの形で送らなければならないのです。

プロトコル名	用途	性質
HTTP	ウェブページ	ウェブページを表示するためのプロトコル
HTTPS		ウェブページのデータを暗号化するプロトコル。ネットショッピングサイトなど、お金を扱うサイトで多く使われる
SMTP	メール	メールの送信に使うプロトコル
POP3		メールの受信に使うプロトコル
FTP	ファイル転送	ファイルの転送に使うプロトコル。インターネットが実用化され始めた頃からある

表　主なアプリケーション・プロトコル
通信の際、そのデジタルデータが「何を意味するものなのか」を明確にし、人間に役立つ形で表示する。

「これから送るのはメールだよ！」と宣言する役割を担うのがアプリケーション・プロトコルであり、インターネットにたくさん存在する通信プロトコルの中でも人間にとって最もわかりやすいものになっています。「通信」されるデータを人間に役立つ形で表示するために、絶対に必要なプロトコルです。

●主なアプリケーション・プロトコル

アプリケーション・プロトコルには多くの種類がありますが、代表的なものは表にある五つのプロトコルです。これらは言わば「データを人間に役立つものにする」ためのものです。名前を聞いたことがある方も多いことでしょう。

この表にある五つのうち、本章で扱うのは四つです。ウェブページの閲覧に関する「HTTP」と「HTTPS」については次節、メールの送受信に関する「SMTP

P」と「POP3」については2－3節で詳しく紹介します。

2-2 ウェブページの閲覧における通信

●「インターネット」はデジタルデータを流通させるインフラ

前章でふれたように、インターネットとは「コンピュータ同士のつながり＝ネットワークがさらにつながってできあがった、世界サイズのコンピュータ・ネットワーク」を指しています。

わたしたちはよく「インターネットで調べる」とか「インターネットで買い物する」という表現を使います。むろん意味は通りますし、一般的になっている言い回しですからいちいち指摘するのも大人げないのですが、これは正しい言葉の使い方ではありません。

インターネットとは、言わばデジタルデータを流通させるための仕組みであり、道路や線路や水道と同じように、インフラを指す言葉です。「道路に乗る」とは言わないし、「水道を飲む」とは言いませんよね。「自動車に乗る」のだし「水を飲む」のです。インターネットは調べ物をしたり、買い物したりできるようなものではありません。

調べ物をしたり買い物したりするのは、多くの場合WWW（ワールド・ワイド・ウェブ）です。ウェブはインフラとしてのインターネットの応用技術の一つであり、同じ応用技術の「電子メール」と同格にあります。

ウェブと電子メール、それぞれが「インターネット」をどのように利用しているかを見ていきましょう。まずは、比較的やさしいと思われるウェブからです。

●ウェブページ閲覧の仕組み

ウェブページを見るためには、主に次の二つの方法があります。

・URLと呼ばれる文字列をブラウザの入力欄に入力する
・ページ内のリンクをクリックする

この二つの動作はまったく同じ意味合いを持っています。URL（Uniform Resource Locator）によって、通信相手を指定しているのです。URLとは図3のような文字列です。

図3　URLの例（Yahoo!のトップページ）

ウェブサイトを閲覧するときには、必ず目にするものですね。

このうち、アタマについている「http」（図3の①）は前節で述べたアプリケーション・プロトコル「HTTP」です（48ページ表）。すなわち、「これからデジタルデータのやり取りをする、そのデータはウェブページであり、ブラウザで表示するものである」と宣言する役割を担っています。繰り返しになりますが、これがきちんと決まっていないと、画像データを文字として解釈したとき（47ページ図2）のような、おかしなことが起こってしまいます。

://以下の「www.yahoo.co.jp」（図3の②）はサーバの名前です。インターネット上には、「サーバ」と呼ばれるコンピュータがたくさんあります。サーバにはさまざまな種類があり、ウェブページのデータを格納していれば「ウェブサーバ」、メールのデータを格納していれば「メールサーバ」と呼びます。

「URLを入力する」「リンクをクリックする」とは、たとえばwww.yahoo.co.jpという名のウェブサーバを通信相手として選び、「データを送れ！」というリクエストを送信することを意味しています（次ページ図4

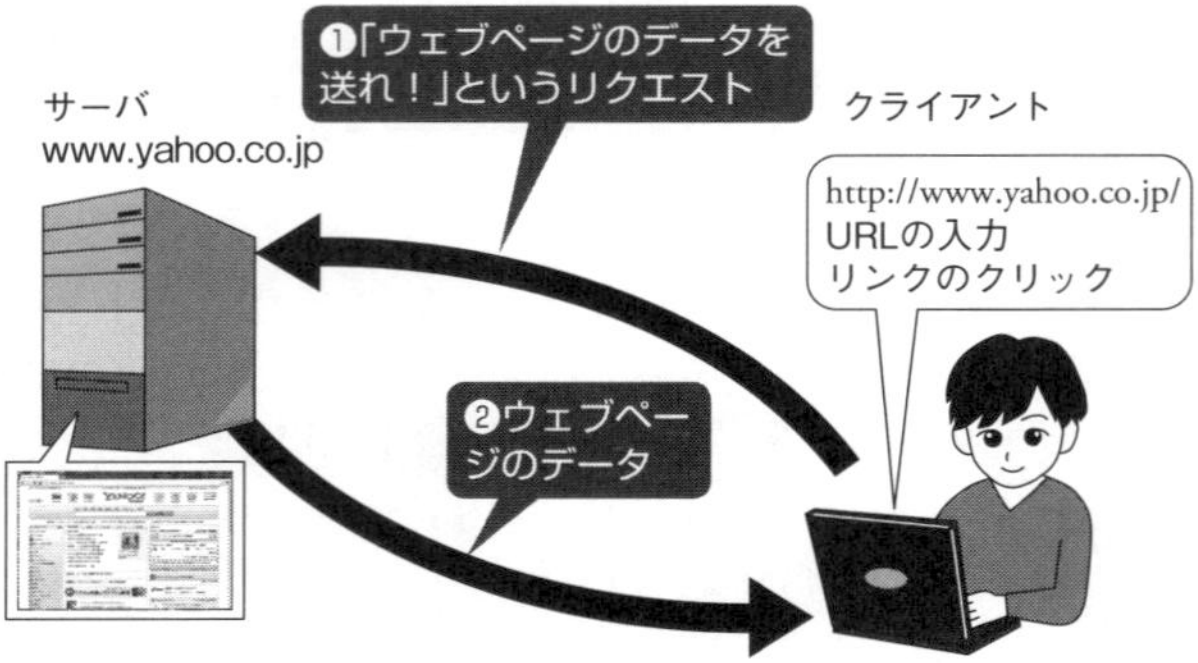

図4　ウェブページ閲覧の仕組み（クライアント／サーバモデル）
クライアント／サーバモデルは、クライアントから要求が発信され、それに応えてサーバがデータを送り返す仕組み。ウェブページの場合は、データの送受信にHTTPプロトコルが使用される。

の①）。ウェブサーバwww.yahoo.co.jpはこの要求に応えて、わたしたちにデータを送り返します（図4の②）。

このとき、わたしたちのコンピュータをクライアントと呼びます。クライアントとはお客さん、サービスの受益者という意味です。サーバとはServer、サービスを提供する人やモノのことです。

このように、クライアントマシンとサーバマシンが対《つい》になる形式を「クライアント／サーバモデル」と呼びます。クライアント／サーバモデルは、お客さんとお店の主人のような関係で成り立っています。

●ワールド・ワイド・ウェブの発展

ＨＴＴＰはHypertext Transfer Protocol

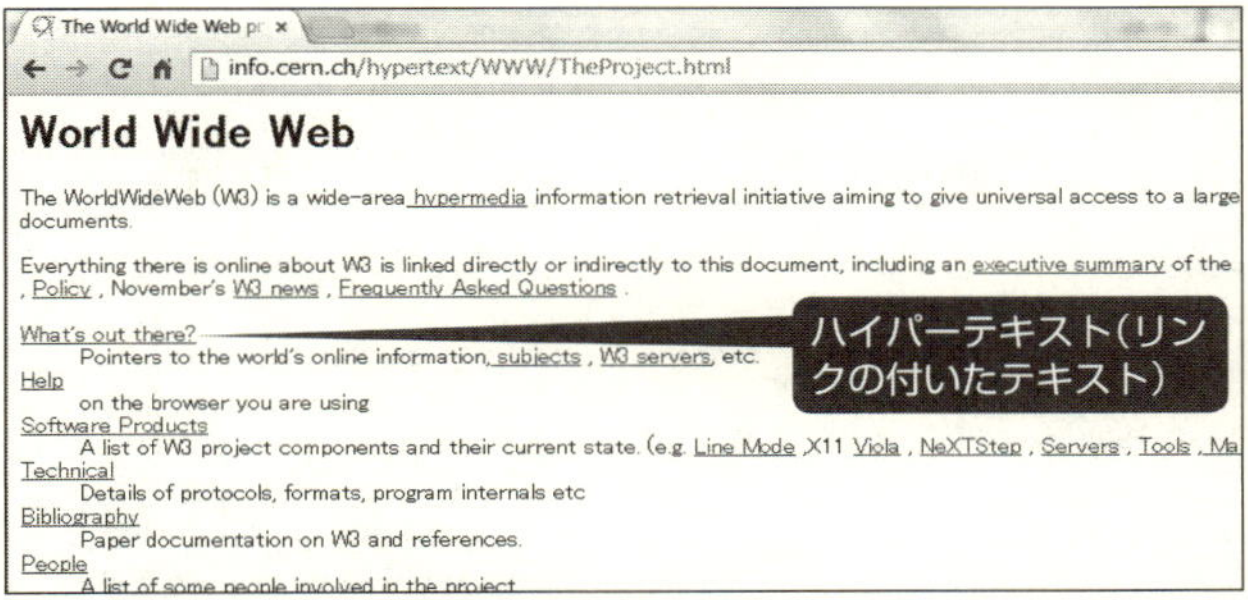

図5　ハイパーテキストがはじめて使われたウェブページ
1993年に欧州原子核研究機構CERNが、世界ではじめて公開したウェブページ。ハイパーテキスト＝リンクを持つテキストと、その集合体としてのWWWは、ここから広がりはじめる。現在は復刻公開されている（http://info.cern.ch/hypertext/WWW/TheProject.html）。

の略、直訳するならば「ハイパーテキストを転送するためのプロトコル」です。ハイパーテキストとは、簡単に言えばリンクの付いたテキストのことです。ウェブページは普通、内容を表す文章（テキスト）にリンクが付いていて、別のテキストとつながりを持つようになっています。これがウェブページの特徴です。HTTPとは、そうした仕組みを持つデータ（ウェブページのデータ）を表示するためのプロトコルです。ソフトウェアとしては、ブラウザ（Internet Explorer、Chrome、Safari、Firefoxなど）を使用します。

　ハイパーテキスト＝リンクが登場したとき（図5）、「これはグーテンベルクによる印刷技術発明に匹敵する発明である」と言われ、大いにもてはやされました。ご存じのとお

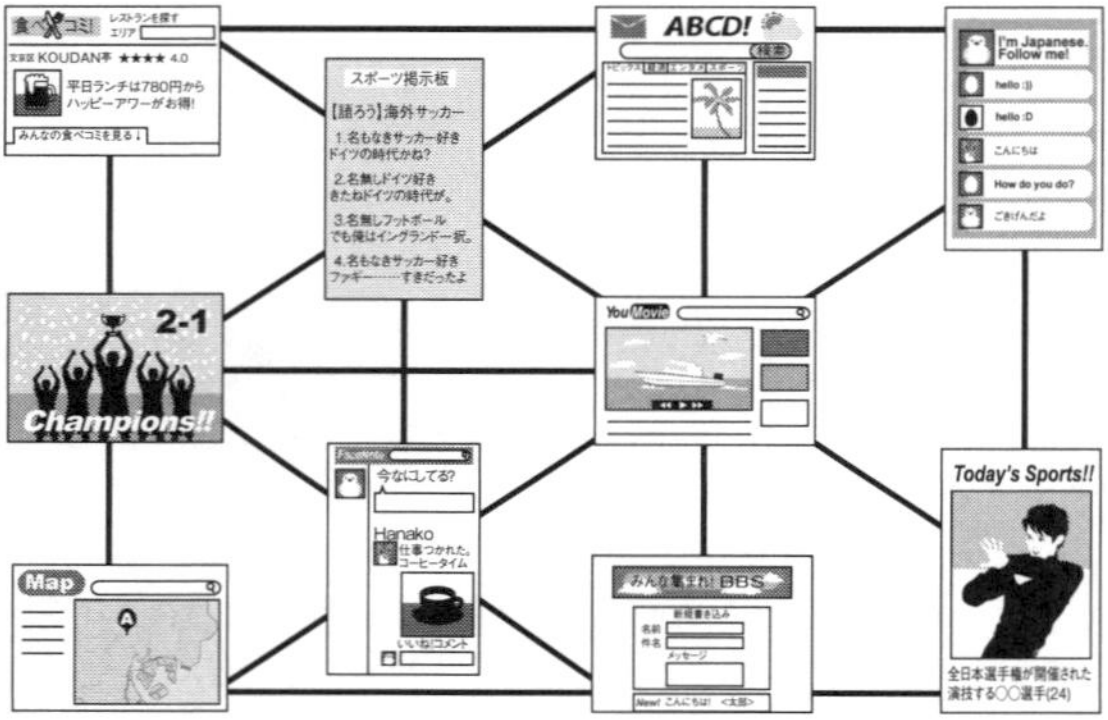

図6　WWW(ワールド・ワイド・ウェブ)
ウェブページがリンクでつながり、あたかもクモの巣(web)のように網の目を形成している。WWWは「ウェブページ同士のつながり」であり、「コンピュータ同士のつながり」であるインターネットとは別のもの。

り、旧来のメディア――本や新聞、広告など――は、リンクという仕組みを持っていません。「関連する情報にジャンプする」という形でテキストを渡り歩くスタイルは、ワールド・ワイド・ウェブによってはじめて一般化したのです。

　これに加えて、ウェブページはその制作がとても簡単であるために、誰もが自分のメディア（自分のホームページ）を持ち、表現することができました。

　主としてこの二つの理由によって、ウェブは爆発的に広がっていきます。

　ワールド・ワイド・ウェブ（世界サイズのクモの巣）という名前は、少なくともこの言葉ができたときには少々羊頭狗《ようとうく》肉《にく》でした。現在はクモの巣と呼んでは申し訳ないほどに網の目（リンクによるつながり）が広がっています（図6）。

この節の冒頭で述べたような「インターネットで買い物する」「インターネットで調べ物をする」という誤った表現が一般化してしまうほどに、ウェブは広がりました。誤った表現が一般化するのもやむを得ない、と言うべきかもしれません。インターネットでやり取りされるデータのほとんどはHTTPプロトコル、すなわちウェブページのデータを送受信するためのものであり、「インターネット＝ウェブ」と言い切ってしまっても影響がないほどに多いのです。

インターネット・テクノロジーの進展は、今なおウェブが牽引しています。これについては次章でくわしく述べます。

●データを暗号化するアプリケーション・プロトコル

前述の「HTTP」と同じく、ウェブページの閲覧で使うアプリケーション・プロトコルに「HTTPS」（48ページ表）があります。HTTPSはHypertext Transfer Protocol Secureの略で、大ざっぱに言うならば、ウェブページの送受信に用いられるデータを暗号化するためのものです。

次ページ図7は、HTTPSを使っているウェブページのURLの例です。先頭に「http」ではなく「https」が付いていることがわかります。

https://www.facebook.com/

図7 「https」を使うURLの例(facebookのトップページ)

オンラインショップやネットバンクなど、ウェブでお金を扱う機会は少なくありません。名前や住所など個人情報を入力することもとても多くなっています。HTTPSとは、こうした通信を行う際に情報のやり取りを第三者に盗み見させないためのものです。

実は、インターネットを用いた一般的なデータの送受信において、内容を盗み見するのはそれほど難しいことではありません。ネットワーク盗聴と言うのですが、通信回線にそのためのソフトウェアをしかけることによって、送受信するすべてのデータの入手が可能になるのです。所詮はデジタルデータですから、コピーされたところでデータはなくならず、通信それ自体には支障をきたしません。盗み見されても気づかないことがとても多いのです（図8）。

閲覧するのがニュースサイトや天気予報のサイトなど、一般的なウェブサイトならば盗み見されてもいいのですが、個人情報やお金にまつわるデータを扱うサイトとなれば話は別で、誰かに情報を見られては困ります。そこにはクレジットカードの番号など直接、金銭に結びつく情報や、名前・住所・電話番号などの個人情報も含まれているからです。

回線を流れるデータを暗号化し、クライアントとサーバの間でやり取りされる

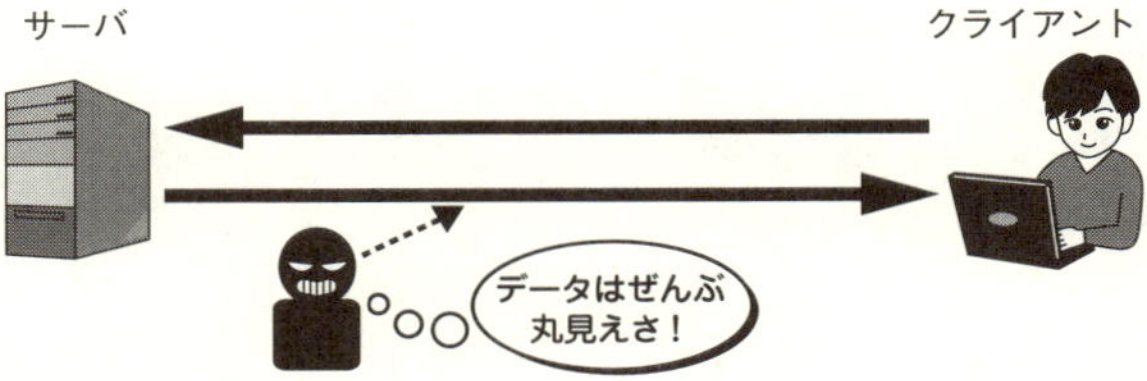

図8　HTTP
ウェブページのデータは「丸見え」であり、盗み見するソフトウェアをしかければ、やり取りするすべてのデータが傍受できてしまう。

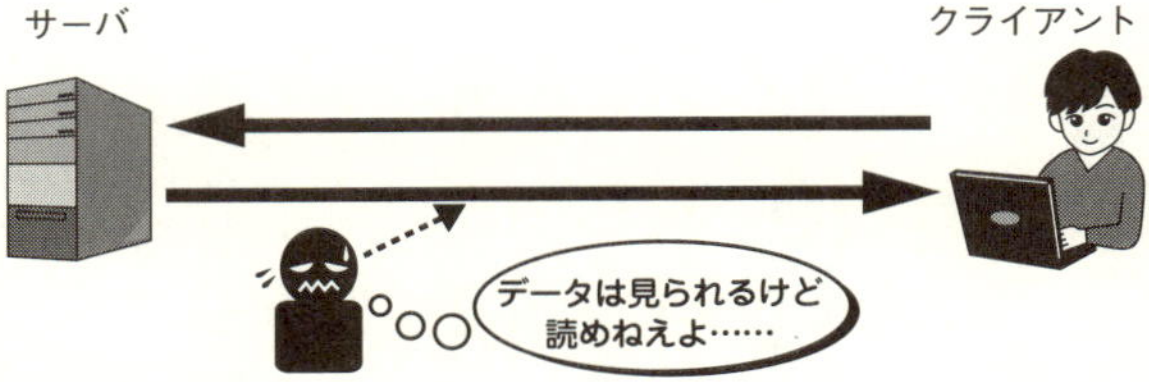

図9　HTTPS
データは暗号化され、通信の際にはサーバとクライアントの間で暗号解読の「鍵」が取り交わされる。通信を傍受しても、暗号が解けないかぎり内容はわからない。

データに「鍵」をかける、それがHTTPSです。お金や個人情報のやり取りには、「データが他人には見られない」という安全が絶対に必要になります。

HTTPSを使っても、「盗み見」はそれ自体が不可能になるわけではありません。やり取りするデータを見たところで意味がわからないような形（暗号）にして通信しているのです（図9）。

「それなら、ウェブページのデータは全部HTTPSを使ってやり取りすべきじゃないか」と思うかもしれません。真にセキュリティを追求するならば、それが最も望ましいのは間違いありません。

そうできない最も大きな理由は、暗号化通信をするためには費用が必要だからだと言われています。WWWは無料のサービスがほとんどであり、かかる費用はサイト運営者が負担することで成り立っています。

個人でも企業でも、運営コストはできるだけ減らしたいと思うのが人情でしょう。それゆえ、HTTPSを採用しているのはお金や個人情報を扱う企業のサイトや、とてもセキュリティ意識の高いサイトに限られています。

2-3 電子メールのやり取りにおける通信

前節では、ウェブページの閲覧におけるクライアント／サーバモデルの仕組みを説明しました。電子メールもまた、クライアント／サーバモデルでデータのやり取りをしています。どのような形で通信が行われているか、見ていきましょう。

●電子メールにおける通信は、郵便配達に似ている

メールを送る際、メールアドレスと呼ばれる@（アットマーク）入りの文字列（○○○@tento-net.com、xxx@docomo.ne.jpなど）を宛先として設定します。アドレスがきちんと入力されており、そのアドレスが確実に存在するならば、たとえ地球の裏側にいる相手であろうとも、メールは届きます。

あたかも直接相手にメールを送っているように思えますが、わたしたちが最初にメールのデータを送るのは、宛先として設定した人ではありません。メールサーバと呼ばれるサーバマシンに送っているのです。メールもまた、クライアント／サーバモデルです。

もっとも、メールの送受信はウェブのようにクライアントとサーバとの関係が単純ではありません。わたしたちがデータをやり取りしたいのは、宛先にメールアドレスを入力した相手であって、サーバではないからです。そこにウェブページの場合との大きな相違があります。

メールの仕組みは、郵便配達のシステムに似ています。まずは、郵便配達の仕組みを考えてみましょう。

あなたが誰かに宛ててしたためた手紙は、まずポストに投函されます。ポストの中の郵便物は、郵便局の人によって回収されます。しかし、その局の人が直接宛先に届けるわけではあり

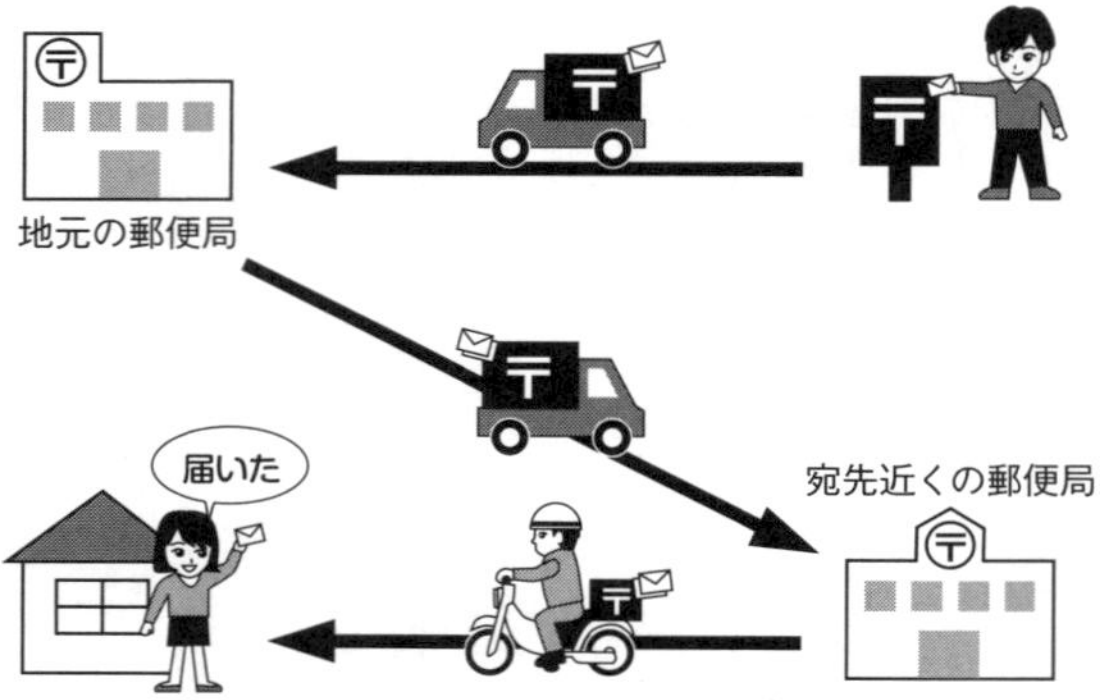

図10　郵便配達の仕組み

ません。回収された手紙は、まず地元の郵便局に集められます。

地元の郵便局は宛先を見て、宛先近くの郵便局に手紙を輸送します。そして実際に宛先まで手紙を配達するのは、宛先近くの郵便局の人です（図10）。

このように、手紙は地元の郵便局と宛先近くの郵便局を介して宛先に届けられます。電子メールの送受信の仕組みも、これと似た形になっています。

●メールを送信してから届くまで

電子メールの仕組みを知るために、まずメールアドレスを眺めてみましょう。図11をご覧ください。

メールアドレスは、@の前と後ろで役割が違っています。@の前をユーザIDと呼びます（図11の①）。ユーザIDとは、後述するドメイン（組織名を示す）内で重複しないように付けられる名前で

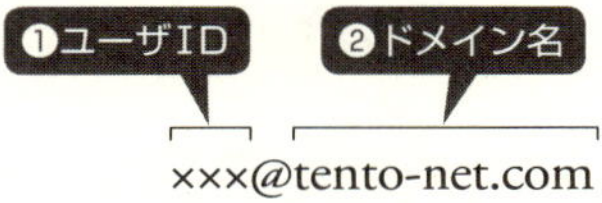

図11　メールアドレスの例

す。johnとかyokoといったユーザの名前や、名前の一部が使われたり、W1234XA5など適当な文字列が使われたりします。

　@の後ろをドメイン名と呼びます（図11の②）。ドメイン名とは、所属する組織の名前です。それがdocomo.ne.jpやso-net.ne.jpなど「所属するネットワーク」を示す場合もありますし、kodansha.co.jpなど所属する企業や団体の名前であることもあります。

　いずれの場合も、各ドメインは最低1台のメールサーバを持っています。メールの送受信には、必ず「メールサーバ同士のデータのやり取り」があるのです。

　わたしたちがメールソフトの送信ボタンを押したとき、メールはまず自分のドメインのメールサーバに送られます（次ページ図12の①）。メールを受け取ったメールサーバは、宛先のメールアドレスを見て、宛先のドメインのメールサーバにメールを送ります（図12の②）。宛先のメールサーバは、宛先のメールアドレスにあるユーザＩＤを確かめ、メールは晴れて宛先に届くというわけです。

　自分のドメインを地元郵便局、宛先のドメインを宛先の最寄りの郵便局

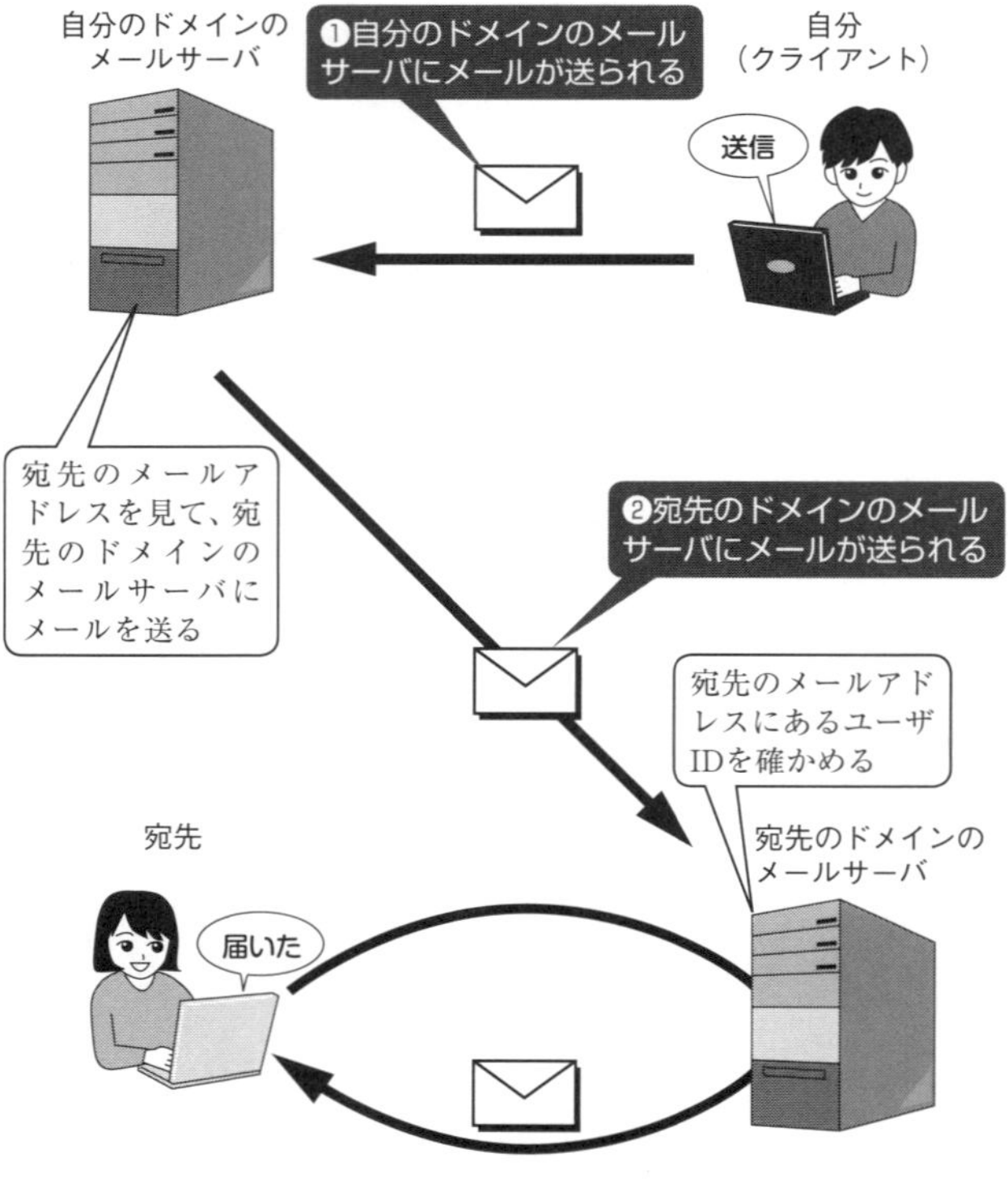
自分のドメインの
メールサーバ
❶自分のドメインのメール
サーバにメールが送られる
自分
（クライアント）
送信
宛先のメールアドレスを見て、宛先のドメインのメールサーバにメールを送る
❷宛先のドメインのメール
サーバにメールが送られる
宛先のメールアドレスにあるユーザIDを確かめる
宛先
宛先のドメインの
メールサーバ
届いた

図12　電子メールの送受信の仕組み
メールはまず、自分のアドレスのドメインのメールサーバに送られる。メールサーバは宛先のドメインを探し、宛先のドメインのメールサーバにメールを送る。届いたメールは宛先のドメインのメールサーバで、ユーザIDに従って仕分けられる。

と考えれば、似た仕組みでメールが届くことがわかるでしょう。

なお、メールは複数のアドレスに一括送信できます。この場合は、自分のドメインのメールサーバから、複数のメールサーバに向かってメールが送られます。図12の②の動きが複数になる形です。

●メール・プロトコルはちょっとややこしい

本書では何度も述べていますが、メールもまたデジタルデータです。その正体は1と0がたくさん集まったものにすぎません。これまたしつこく述べていますが、メールをメールとして成り立たせるためには、それがウェブページでもなく、転送ファイルでもなく、「メールなんだ」という宣言をハッキリしておく必要があります。送る側と受け取る側の間に、プロトコルがなければならないのです。

メール・プロトコルは、ＳＭＴＰ（Simple Mail Transfer Protocol）です。

ＳＭＴＰは、「これから送るのはメールです！　メールの形式で受け取ってください！」と宣言する役割を担っています。パソコン上のメールソフト（メーラ）からメールを送信するときは、ＳＭＴＰが利用され（次ページ図13の①）、自分のドメインのメールサーバにメールが送られます。自分のドメインのメールサーバと宛先ドメインのメールサーバとの間の通信も、

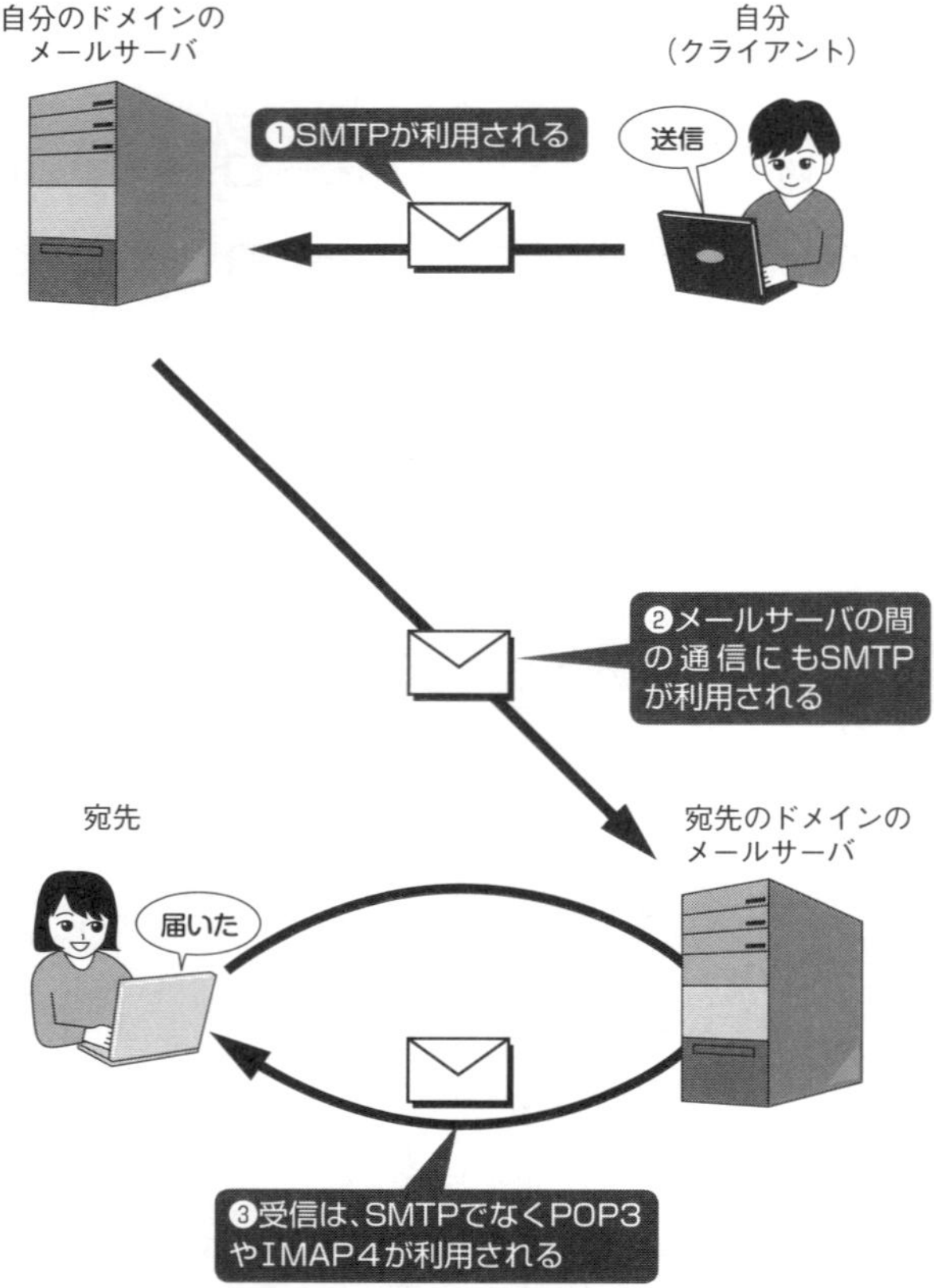

自分のドメインの
メールサーバ
自分
(クライアント)
❶SMTPが利用される
送信
❷メールサーバの間の通信にもSMTPが利用される
宛先
宛先のドメインの
メールサーバ
届いた
❸受信は、SMTPでなくPOP3やIMAP4が利用される

図13　メールの送受信で利用されるメール・プロトコル
メールの送信はSMTPで行われるが、メールを受信する場合のみ、POP3またはIMAP4のプロトコルが利用される。

またSMTPが用いられます（図13の②）。

しかし、メーラを使用してメールを受信する場合には、SMTPは利用されません。代わりにPOP3、ないしはIMAP4と呼ばれるプロトコルが用いられます（図13の③）。要するに、SMTPでは不足だから、別のプロトコルが使われているのです。

いったいどうしてでしょう？

メールサーバ同士でメールの受信・送信の両方をやっているわけですから、SMTP一つあればメールのやり取りは可能です。それなのに、メールサーバからメールを受信するときだけは、異なるプロトコルが使用されているのです。

それは、メールサーバとわたしたちが利用するコンピュータを比べると、ある点で大きな違いがあるからです。

●サーバとクライアントの違い

サーバは呼び名こそ違えど、わたしたちが利用するパソコンと、仕組みも動かし方も変わらない普通のコンピュータです。少々面倒な手続きを踏めば、あなたのパソコンをそのままウェブサーバやメールサーバにすることもできます。すなわち、「サーバ」とか「クライアント」とかいう名前は、あくまで役割に付けられた名称であって、マシンの機能はまったく同じなのです。

ただし、インターネット上のサーバは、その役割ゆえに、わたしたちのマシンよりもハードに働かなければなりません。休む時間がないのです。深夜だろうが早朝だろうが、ウェブサイトをいつでも見ることができます。これは24時間365日、ウェブサーバが休むことなくサービスを提供しているからです。メールサーバも同様です。いつメールを送っても相手に瞬時に届くのは、メールサーバが休まず働いているからです。

しかし、わたしたちのマシンはそうではありません。電源OFFの時間が必ずあります。休んでいる時間があるわけです。これが、サーバとわたしたちが利用するコンピュータの大きく違う点です。

SMTPというプロトコルは、メールの送受信を共にこなすことができますが、電源OFFのマシンにメールを送ることはできません。電源OFFのマシンにメールを送信すると、宛先不明で通信エラーになってしまいます。

したがって、「電源OFFの時間」を持っているクライアントマシンは、都合のいい時間にメールサーバにアクセスして（図14の①）、メールを受け取るシステムが取られています（図14の②）。メールサーバにため込まれた自分宛のメールを受け取るためのプロトコル、これがPOP3やIMAP4です。

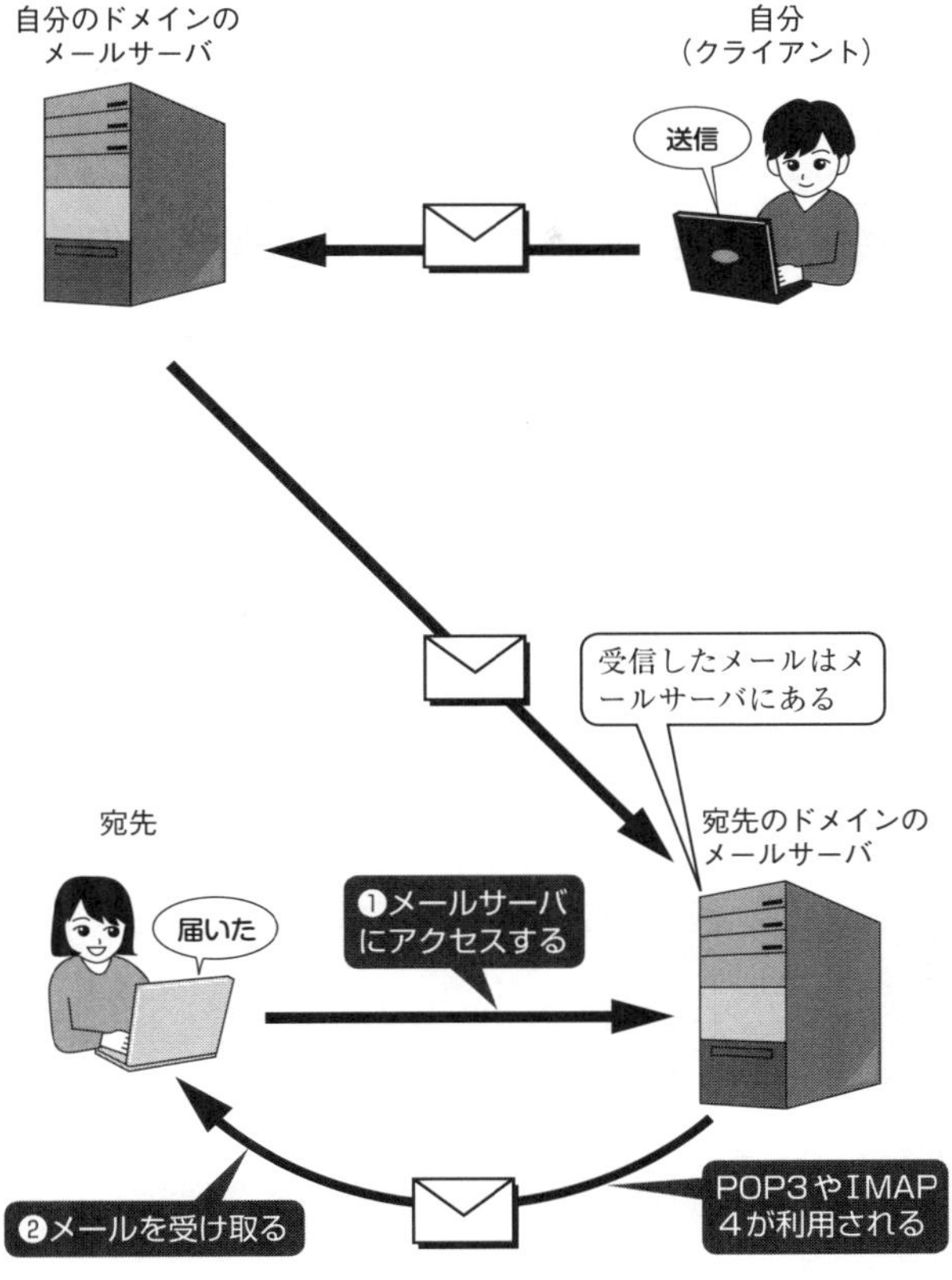

図14　メールサーバ内の自分宛のメールを受け取るためのプロトコルは、POP3やIMAP4

これは、パソコンにインストールされたメーラ（メールソフト）で電子メールを扱う場合のもので、Gメールなどのウェブメールを使う場合は仕組みが異なります。これについては、2－6節で見ていきましょう。

2-4 複数の相手にメールを送る

●TO、CC、BCC

すでにメールによるコミュニケーションを十分に活用している方ならば、メールを送信する際、TO、CC、BCCの三種類の宛先があることはご存じのことでしょう。

TOは対話の相手のアドレス、最も対話したい相手のアドレスを設定します。本書で「メールでのコミュニケーション」を話題とするときは、主にTO欄を利用することを考えています（図15のⒶ）。

CCとはCARBON COPYの略です。送りたいメールのコピーを、CCに設定した相手に

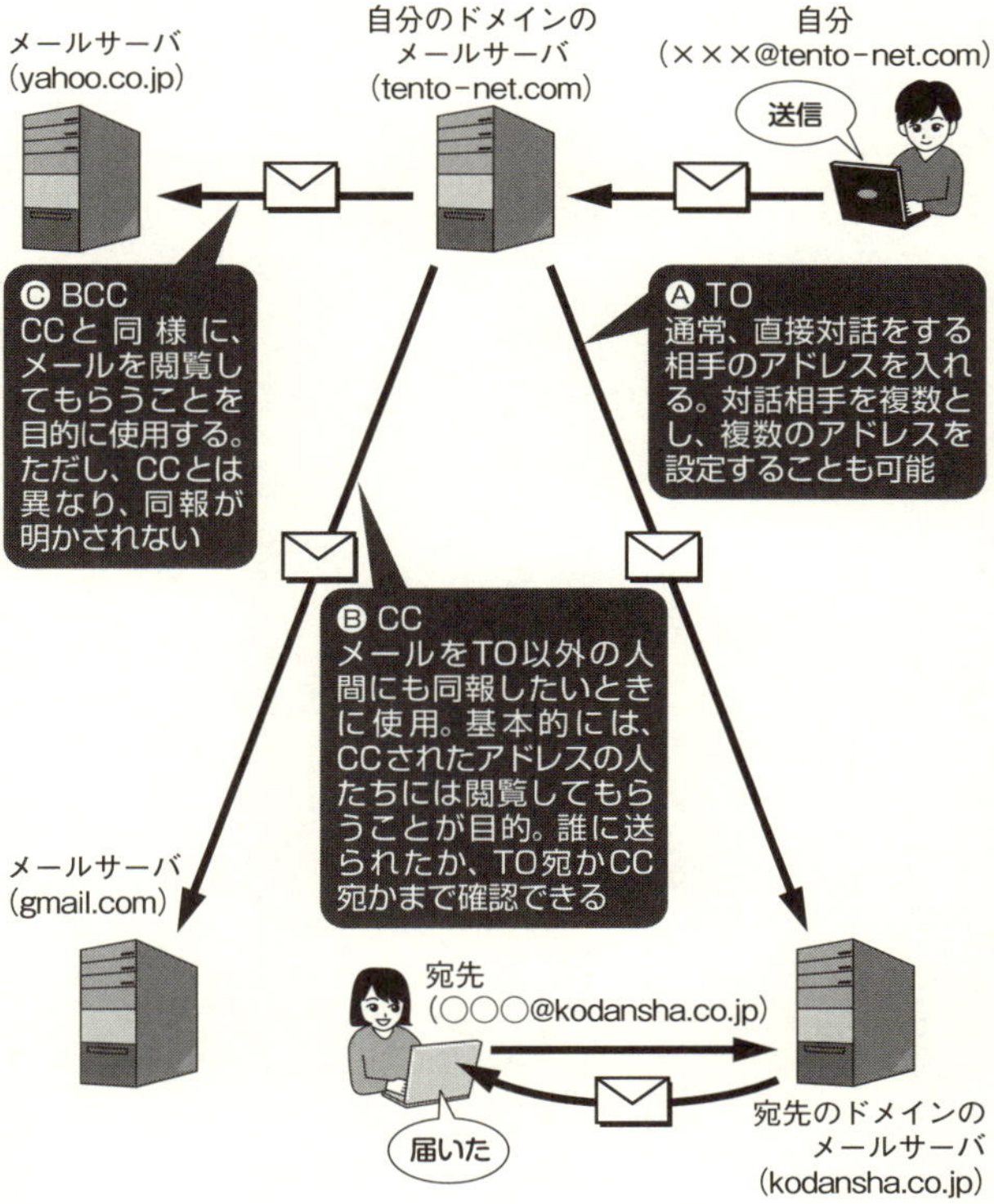
メールサーバ
(yahoo.co.jp)
自分のドメインの
メールサーバ
(tento-net.com)
自分
(×××@tento-net.com)
送信
Ⓒ BCC
CCと同様に、メールを閲覧してもらうことを目的に使用する。ただし、CCとは異なり、同報が明かされない
Ⓐ TO
通常、直接対話をする相手のアドレスを入れる。対話相手を複数とし、複数のアドレスを設定することも可能
Ⓑ CC
メールをTO以外の人間にも同報したいときに使用。基本的には、CCされたアドレスの人たちには閲覧してもらうことが目的。誰に送られたか、TO宛かCC宛かまで確認できる
メールサーバ
(gmail.com)
宛先
(○○○@kodansha.co.jp)
届いた
宛先のドメインの
メールサーバ
(kodansha.co.jp)

図15　メールの宛先にはTO、CC、BCCの三種類がある
用途に応じて使い分けられる。メールは同報通信に優れている。

も送り届けます（前ページ図15のⒷ）。前ページの図を見ればわかるとおり、通信するメールサーバが2台（以上）に増える形になります。これは、メールがデジタルデータであり、デジタルデータは簡単に複製を作ることができる、という特性を生かし、データのコピーを作って送っているのです。

ＢＣＣは、同じように二つ以上の相手と通信します（図15のⒸ）。ただし、ＢＣＣにはＣＣにない特性があります。

宛先をＣＣに設定した場合、その事実は送った人（ＦＲＯＭ）、ＴＯに指定した相手、ＣＣに指定した相手の三者に知られることになります。「送った」という事実ばかりでなく、メールアドレスまでさらされることになるのです。

勝手を知った相手ならいいのですが、そうでない場合、これは個人情報漏洩など重大な問題につながります。第三者にアドレスを知られず、できることなら「送った」という事実も伏せておきたい場合があるでしょう。

ＢＣＣはこんな場合に使用されます。

ＢＣＣとはBLIND CARBON COPYの略、メールを受け取った相手には複製を送ったという事実も、複製を作ったという事実も伏せられることになります。ＢＣＣに設定した相手は、それが本来、誰宛てに書かれたメールなのかを知ることはできません。

ＣＣ、そしてＢＣＣを活用している方なら、メールが同報通信に優れたものであることがご理解いただけるでしょう。言わば迷惑メールの一部は、ＣＣないしはＢＣＣを利用する形式で送られています。

●メールマガジンという方法

複数の宛先に同時にメールを送信する、というと、メールマガジン（メルマガ）を思い浮かべる方も多いことでしょう。メールマガジンは、数万、ときには数十万に及ぶ購読者に対して、同内容のメールを送ることで実現されています。

方法はさまざまありますが、多くの場合、メールサーバに備えられた「エイリアス」という機能を利用することが多いようです。配信を専門の業者に頼むことも少なくありません。

エイリアスとは、「別名」のことです。たとえばxxx@tento-net.comというアドレスを持つユーザがメルマガ配信を望む場合、ウェブページのフォームを介してアドレスを登録します。すると、xxx@tento-net.comはたとえばmailmagazineというリスト（エイリアス）の一つの要素として登録されることになるのです。たとえば「kodoku@mailmagazine.jp」へメールを送れば、エイリアスmailmagazineに登録された全員にメールが配信されることになります。

エイリアスへのアドレスの登録は、手作業もしくはサーバアプリケーションという名のプログラムを利用することで行われます。いずれの方法をとるかは、「数」や「頻度」と相談しつつ、サーバの管理者が決定することが多いようです。

2-5 携帯電話のメール

●携帯メールの仕組み

「メール」という通信手段の一般化に携帯電話が果たした役割は、決して小さなものではありません。いつでも・どこでも、電波の届くかぎり送受信できる携帯メールは、人と人とのコミュニケーション・スタイルを大きく変革したと言えます。授業中にメールを打つ、一緒にいる相手よりその場にいない誰かとのメールのやり取りを優先するといったことが、社会問題として取り上げられることにもなりました。

携帯電話のメールアドレスは、図16のようになっていて、あらゆるキャリア、あらゆるマシ

○○○@docomo.ne.jp
×××@softbank.jp

図16　メールアドレスの例

ンからのメールを受信できます。もっとも、ここに至るまでにはそれなりの紆余曲折を経ねばなりませんでした。

携帯電話のメールは、ＰＣを用いたメールのやり取りとは、若干性質を異にしています。自分の出したメールが、直接相手のマシンではなく、メールサーバに届く、という点はまったく同じですが、サーバまでの通信形態が異なっているのです。

インターネットを利用したメールの場合、メールサーバまではＳＭＴＰというプロトコルが利用されます。ＳＭＴＰとは、メールを送るために考え出されたプロトコルでした。

ところが、携帯電話ではサーバにメールを送るにあたり、ＳＭＴＰを利用しません。携帯電話キャリアの各社が独自に用意したプロトコルを用いているのです。

どうしてこんなことになったのか。ここには、歴史的な要因が介在しています。

もともと携帯メールは現在のようなメールアドレスを持たず、電話番号でやり取りするのが普通でした。現在で言うところのＳＭＳ（Short

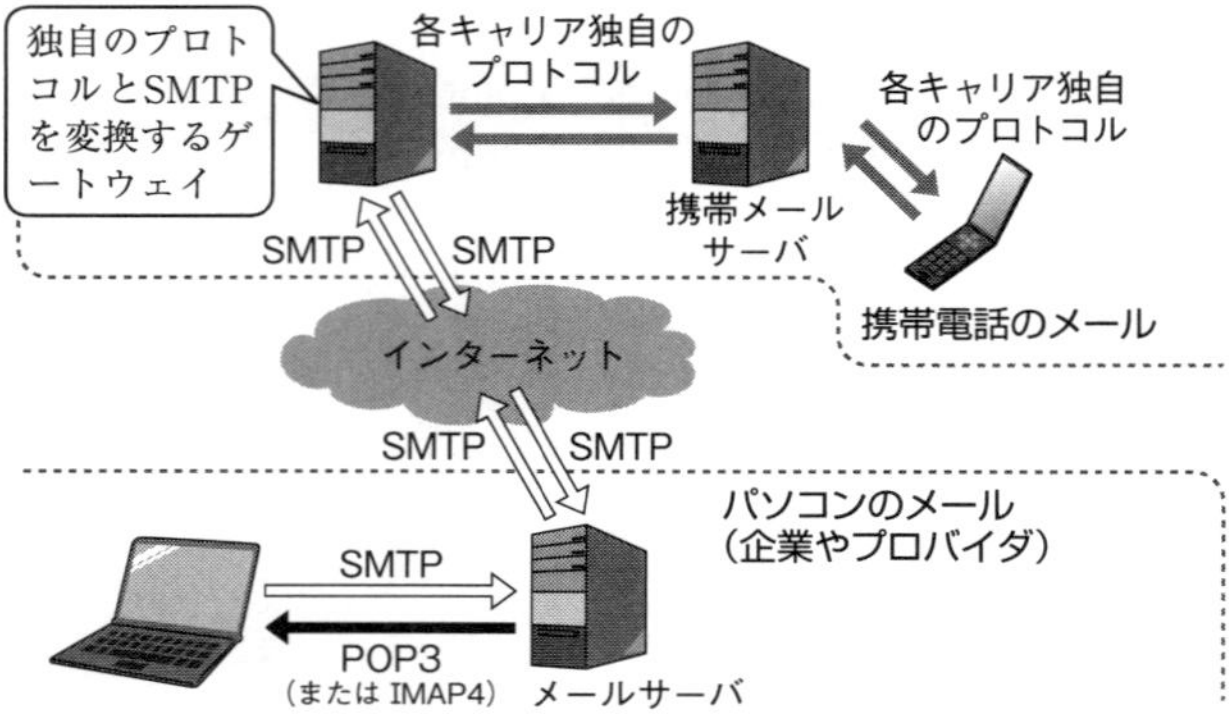

図17　携帯メールとパソコンのメールをやり取りする仕組み
プロトコルの変換機能を備えたゲートウェイを経由して、メールをやり取りする。

Message Service）が、中心的な役割を果たしていたのです。

番号でやり取りできるのはたいへん便利ですが、相手を限定してしまう、という弱点がありました。同じキャリアを利用している者同士しか、通信できないのです。

同じキャリアを使っていれば、必然的に同じプロトコルを使いますから、通信は可能です。しかし、キャリアが異なればプロトコルが異なり、意味不明の文書を送ることになってしまいます。

これは不便だ。他のキャリアとやり取りしたいし、パソコンメールも受け取れるようにしたい。そんな欲求があったために、現在のような@マーク付きのメールアドレスが考えられました。同時に図17にあるような変換機能を備えたゲートウェイが必要になったのです。

現在はスマートフォンを利用して、自由にウェブの閲覧ができます。また、ドコモのｉモードなど、携帯電話を経由してウェブを閲覧するスタイルをとることも可能です。こうしたサービスも、同様に図17のようなゲートウェイ経由でアクセスを行っています。

よく、「キャリアが違うならメールに絵文字は使わない方がいいよ」と言われることがありますが、これもゲートウェイを経由しているためです。普通の文字なら変換できるが、絵文字はキャリアごとに方式が異なり、変換できないことがとても多いのです。

●災害時に不通だった携帯電話

２０１１年3月11日に起こった東日本大震災は、東北太平洋岸における大規模な津波被害と、東京電力福島第一原子力発電所の事故を引き起こしました。災害の爪痕は、未だ色濃く残っています。

東京近郊でも、多数の帰宅困難者を出したことは記憶にあたらしいと思います。同時に聞こえてきたのは、当日、携帯電話がまったく役に立たなかったことです。通話はおろかメールもできない、という現象は、安否確認にはやる人々の気持ちを焦慮させました。

それにしても、なぜ携帯電話は使い物にならなかったのでしょう？　一方で確かな連絡手段として脚光を浴びたのは、Gメールなどのウェブメール、Ｔｗｉｔｔｅｒ、Ｆａｃｅｂｏｏｋ、Ｍｉｘｉなどのの SNSでした。震災後はじめて災害に対応したのも、グーグルが提供するパーソンファインダー（person finder）でした。なぜ、インターネット・サービスは従来と変わらず利用できたのでしょうか？

本章でも簡単に述べたとおり、ウェブ・サービスはウェブサーバによって提供されています。まず、このサーバマシンが無事であった、というのが大きな要因でしょう。日本のサービスの多くは国内にサーバマシンを置いているでしょうが、Gメール、Ｔｗｉｔｔｅｒ、Ｆａｃｅｂｏｏｋなど海外発のサービスは、海外にサーバを置くのが普通です。たとえ日本が災害に襲われようと、サーバ本体は海外の災害とまったく関係のない場所にあった、と言うことができそうです。

また、アクセスの集中度合いも、いわゆるサーバ・ダウンを引き起こすほどではなかったことも、無事にサービスを提供し続けた大きな要因とされています。

携帯電話はもともと、アクセス集中を防ぐ仕組みを持っています。ある携帯基地局にアクセスが集中すると、基地局の処理能力が大きく低下するため、機能不全に陥るのを防ぐ仕組みがあるのです（図18）。

震災時にはこれが作動したために、携帯電話による通話はできなくなりました。ピーク時に

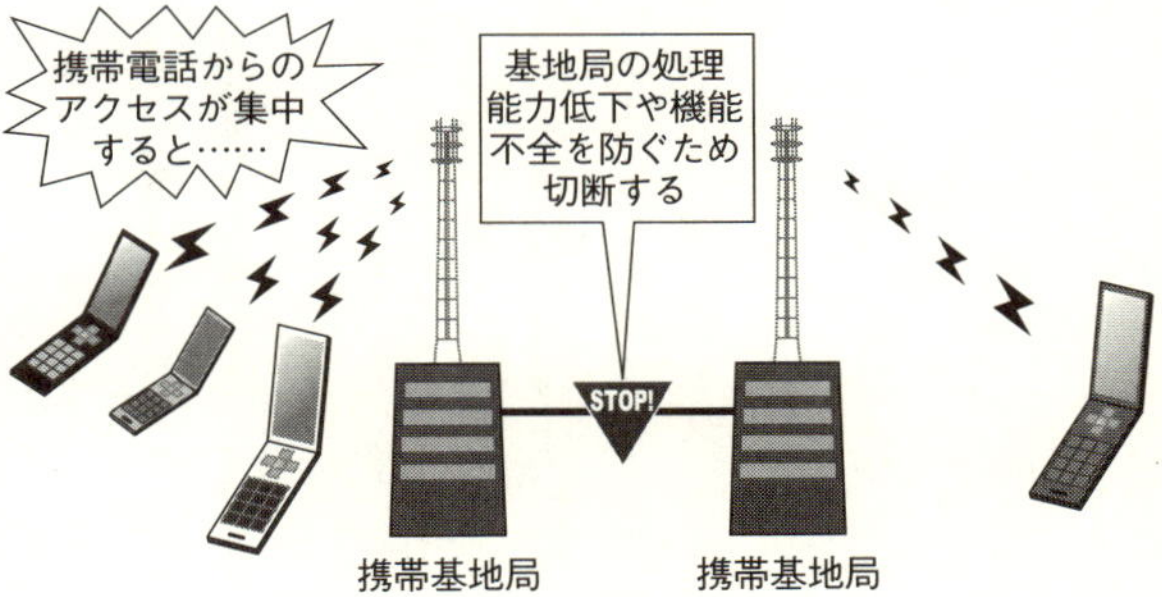

図18　アクセス集中を防ぐ仕組み
アクセスが集中する携帯基地局との通信を切断し、機能不全に陥るのを防ぐ。

は実に9割の通信規制があった、との記録が残っています。

メールはパケット通信（122ページ参照）といって、データによる通信をしているため、通話ほどに大きな障害はなかった、と言われています。もっとも、こちらも3割を規制する事態に陥ったそうで、あくまで比較の問題である、と言えそうです。

2-6 ウェブメールのやり取りにおける通信

かつて電子メールと言えば、パソコンにインストールされたメーラで行うのが主流でした。メーラとはメールソフトのことで、代表的なものにOutlook、Thunderbird、Becky!、Eudoraなどがあります（図19）。

メーラを使ってメールをやり取りする方法は、２０１４年現在、少々時代遅れなものになっている、と言ってもいいでしょう。メーラではなく、ブラウザを使ってメールを確認する「ウェブメール」を利用するスタイルが主流になっています。

ウェブメールには、Ｇメール（グーグル）、Yahoo!メール、Outlook.com（マイクロソフト）など、いろいろな種類があります。個人でウェブメールを使う場合は、それぞれのウェブサイトにアクセスし、○○@gmail.comや××@yahoo.co.jp、△△@outlook.comなどのメールアドレスをもらう形を取ります。各社は独自のサービスを打ち出していますが、基本的な仕組みは変わりません。

図19　メーラの受信トレイ（Thunderbird）
パソコンにインストールする形で使用する。現在はウェブメールが主流になり、メーラはあまり使われなくなっている。

本節では、メーラを使う場合と比較しながら、ウェブメールの仕組みを説明します。

●ウェブメールは、メーラを使う場合と何が異なるのか

ウェブメールも、メールの送受信の仕組みそれ自体は、前節で紹介したメーラを利用した場合と大きく変わるものではありません。たとえば、友達にメールを送る場合、最初にメールサーバにメールを送信し、メールサーバは宛先のメールサーバと通信することにより、メールが届くのです（62ページ図12）。この点はまったく変わりません。

大きく異なっているのは、主に次の二点です。

・メールの確認にブラウザを用いる
・メールのデータをダウンロードせず、サーバ上に保

図20　ウェブメールの受信トレイ（Gメール）
メールはブラウザを使い、ウェブページにアクセスする形で確認する。

存する

どういうことか、次項より見ていきましょう。

●メールの送信と受信にブラウザを使う

ウェブメールは、ブラウザを使ってメールボックス（メールの受信トレイや送信済みトレイ）を確認します（図20）。

図21のように、友達や家族からのメールがメールサーバに届く点は、メーラを使用する場合と同じです。大きく異なるのは、メールサーバの内容を、ウェブページの形で表示する仕組みが存在していることです。ウェブメールを見るためにブラウザを用いるのは、メールボックスそのものが、ウェブページになっているためです。

メールを書く際も、ウェブページに表示される

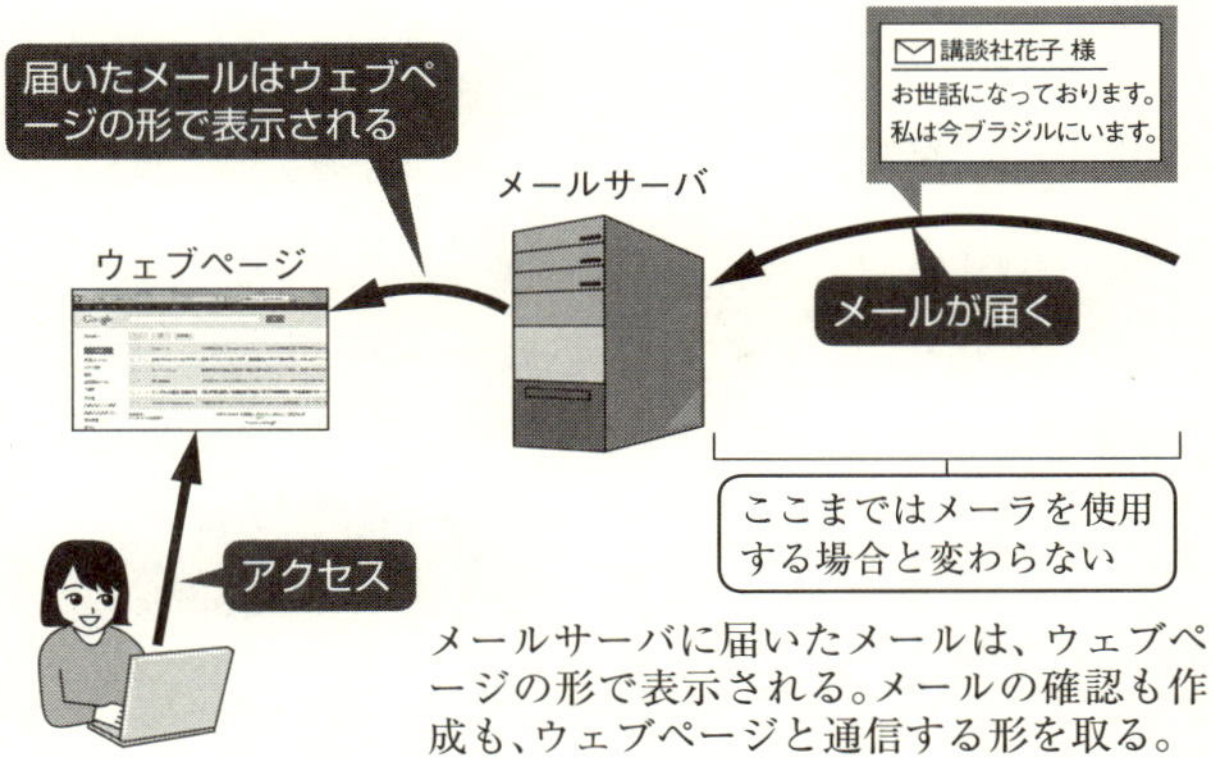

メールサーバに届いたメールは、ウェブページの形で表示される。メールの確認も作成も、ウェブページと通信する形を取る。

図21　ウェブメールの仕組み

エディタ（メールを書くためのフォーマット）に入力する形をとります。イメージとしては、ウェブ上の掲示板や登録フォームなどに入力するのと近い形である、と言うことができるでしょう。

ウェブページの閲覧がどのような仕組みで成り立っているかは、2-2節（50~52ページ）で見たとおりです。簡単におさらいすると、クライアントが「ウェブページのデータを送れ！」というリクエストを発し、サーバがそれに応える、という形を取っていました。

ウェブメールの場合も、まったく同様です。わたしたちはブラウザを使ってメールボックスが表示されたウェブページにリクエストを発し、サーバにデータを届けてもらっています。

アクセスするのはウェブページですから、通信の際のプロトコルも、ウェブページ閲覧のための

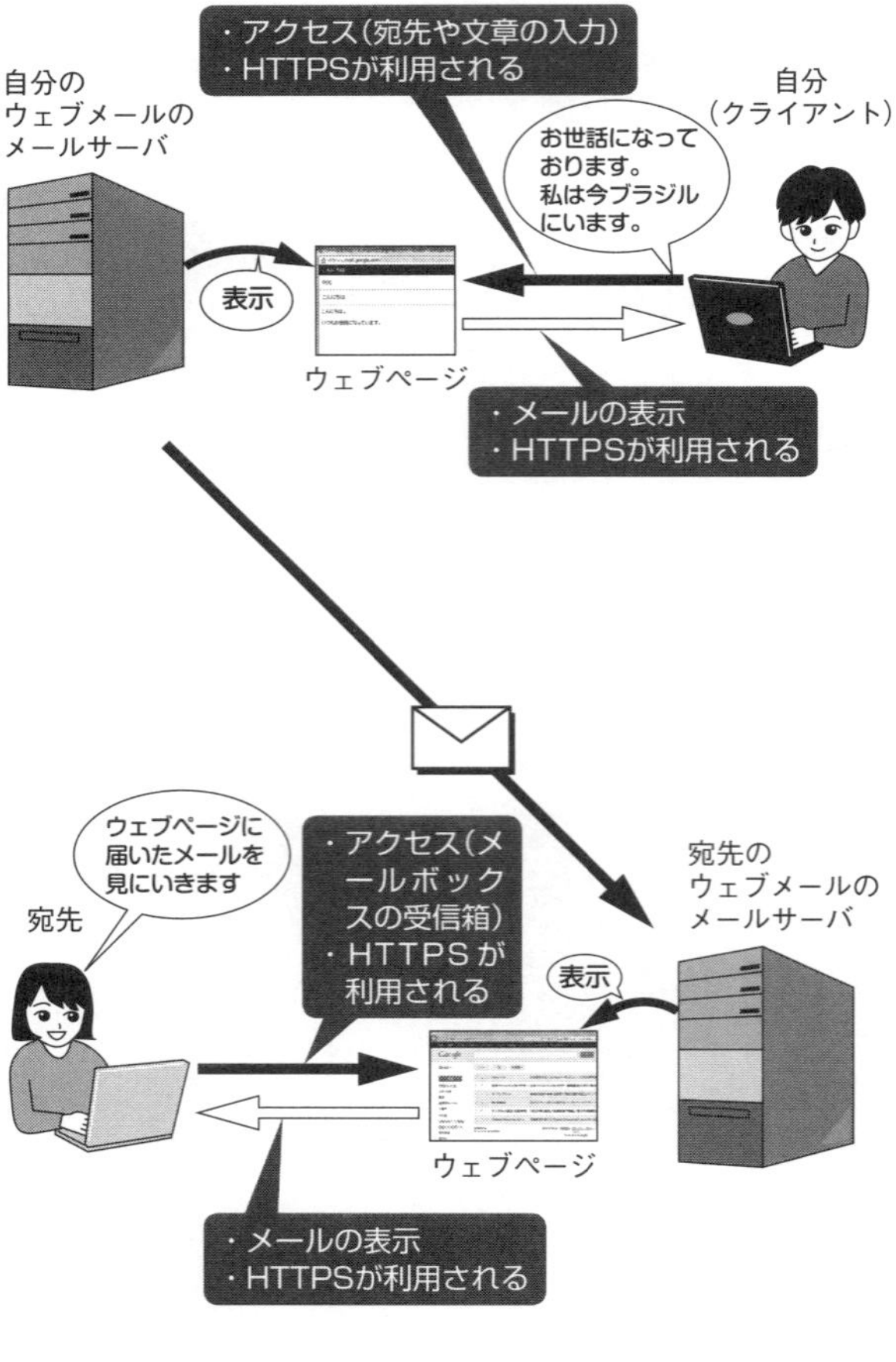

図22　ウェブメールを使う者同士のメールのやり取り
ウェブメールでは、メールサーバの内容がウェブページに表示される。

プロトコルＨＴＴＰ／ＨＴＴＰＳを用います。メールは個人情報そのものですから、通信のためのデータを暗号化するＨＴＴＰＳプロトコルが使われるのが一般的です。

ウェブメールを使っている者同士のメールのやり取りは、図22の形になります。60ページ図10の郵便配達の仕組みにたとえるならば、メールを書くときも、それを送るときも、届いたメールを確認するときも、すべてを地元の郵便局までこちらから出向いていって行うイメージになります。

●メーラを使う場合との比較

メーラを使ってメールのやり取りをする場合と、ウェブメールを使う場合を比べてみましょう。

最も大きく違うのは、「メールのデータがどこに保存されているのか」という点です。

メーラの場合は、送受信したメールのデータはすべてあなたのパソコンのディスクに保存されます（次ページ図23）。メールのデータをメールサーバからダウンロードし、ディスクの中に保存して確認していたからです。したがって、インターネット接続がなくても過去のメールを見ることができます。

ウェブメールの場合は、メールのデータをダウンロードしません。ウェブページに表示され

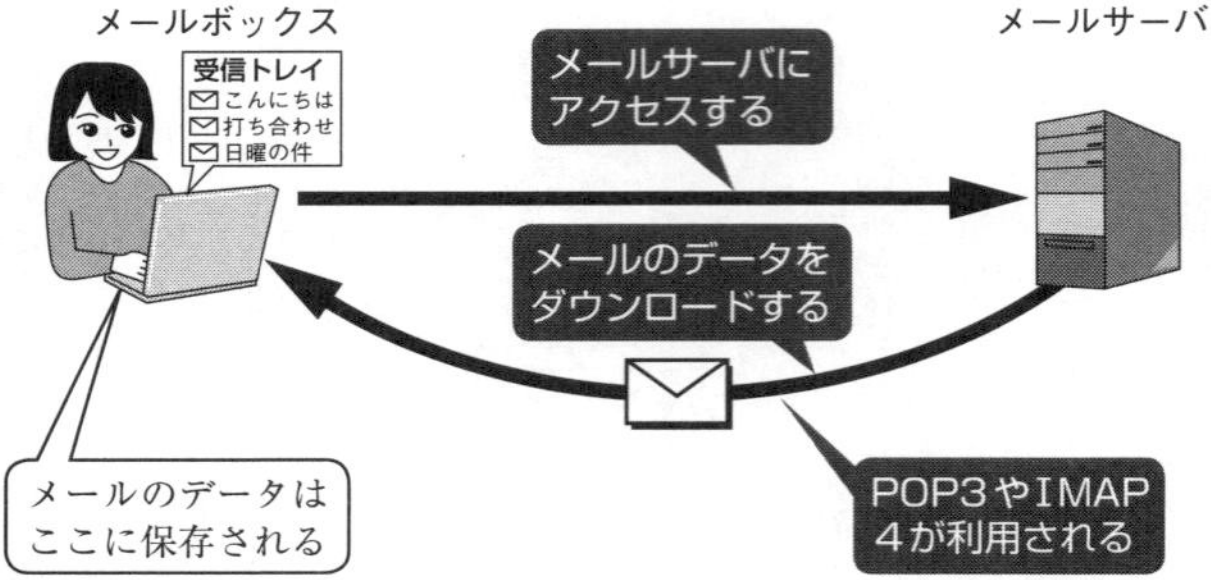

図23　メーラを使う場合、メールのデータはパソコンに保存される

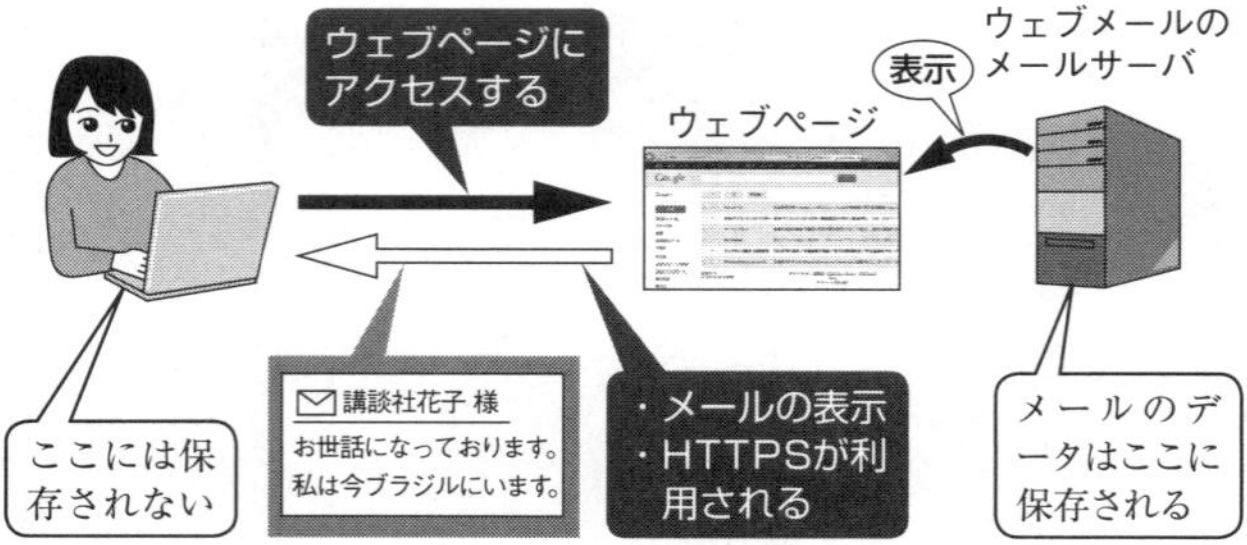

図24　ウェブメールを使う場合、メールのデータはメールサーバに保存される

るメールボックスを確認するのみです。わかりやすく言えば、届いたメールを「見に行く」形を取っています。メールのデータはメールサーバに保存されており、パソコンには保存されません（図24）。

したがって、インターネット接続がないと、メールを確認することができません。メールを確認するためには、メールボックスが表示されたウェブページにアクセスできる環境が必要になります。

●主流になるウェブメール

ウェブメールを利用するのは、個人ばかりではありません。

一般企業や団体のドメイン（kodansha.co.jpなど）も、ウェブメール・システムを利用することが増えています。「そういえば以前、会社ではメーラを使ってメールを送受信していたが、今はブラウザを使うようになっている」という読者の方もきっといることでしょう。

こうしたケースでは、会社がＩＴ企業と契約を取り交わし、ウェブメールのシステムをまるごと借りる形で運営されることが多くなっています。メールアドレス（ドメイン名）だけは依然として会社のものですが、システムそれ自体は完全に外部に委託され、グーグルやマイクロソフトなど、ＩＴ企業が提供するものを利用する形を取っているわけです。企業や団体がウェブメールを利用し始めたことで、ウェブメールの隆盛は決定的になりました。それにしても、どうしてメーラを使うスタイルから、ウェブメールへと移行するようになっているのでしょうか。ここには、ウェブを中心とした情報通信技術の大きな変化が関係しています。次章で述べることにしましょう。

COLUMN

パソコンを買ってもメーラは入っていない

かつてパソコンを買うと、メーラはOSに含まれていました。ユーザはそれを使ってメールのやり取りをしたわけですが、現在はそのスタイルは取られないことが多いようです。たとえばマイクロソフト社は、2009年リリースのウィンドウズ7以降、OSにメーラを含めなくなっています。メールはウェブメール・サービスを利用する形が一般的になっており、マイクロソフトもそれを推奨しています。

「最初から入っているわけではない」ということが、ウェブメールの隆盛を示している、と言ってもいいでしょう。こうした環境でメールを使い始めるユーザは、メーラの存在を知らず、「パソコンのメールはブラウザを使ってやり取りするもの」と考えるようになっているはずです。

3章

ウェブメールとウェブの変化

3-1 ウェブメールの利点と欠点、高機能化

●メールはどう「変わった」のか

前章では「メールはなぜ届くのか」その仕組みをざっと眺めてみました。

メールの送受信はアドレスの@以下のドメイン名を持つメールサーバ同士のやり取りです。その点は変わらないものの、ユーザがそれを「どう確認するか」によって、二つに大別できます。

一つは、パソコンにインストールされたメーラを使用する場合です。ユーザはメーラを使ってネット上のメールボックスからメールをダウンロードし、自分のパソコンに保存します。

もう一つは、ウェブメールです。ブラウザを使ってウェブ上のメールボックスを「見に行く」スタイルです。この場合、メールのデータはダウンロードされませんから、メールの保存場所はネット上のメールボックスになります。

現在、パソコンユーザは前者のスタイルをあまり利用しなくなっていて、企業のドメイン(@kodansha.co.jpなど)も、現在はIT企業からシステムを借りる形で、ウェブメールを利用するようになっている、ということも説明しました。

要するに、「メールの確認の仕方」に関しては、メールは変わってきているのだ、と言うことができます。いったいなぜメールの確認の仕方に変化が訪れたのか。本章では、その理由をお話しします。

●どこでもメールを確認できる

ウェブメール・サービス自体は、最近になって始まったものではありません。最初のサービスは1995年、現在はマイクロソフト傘下にあるHOTMAIL社が開始しています。同年はOS「ウィンドウズ95」リリースの年にあたり、インターネットが一般に認知され、爆発的にユーザ数を伸ばした年です。日本では「インターネット元年」と呼ばれることもあります。その頃からあるのですから、「とても古いサービスだ」と言ってもいいでしょう。

現在ほど多用されてはいませんでしたが、当時からウェブメールは便利なものとして、多くの人に利用されていました。特にウェブメールを歓迎していたのは、長期出張の多いサラリー

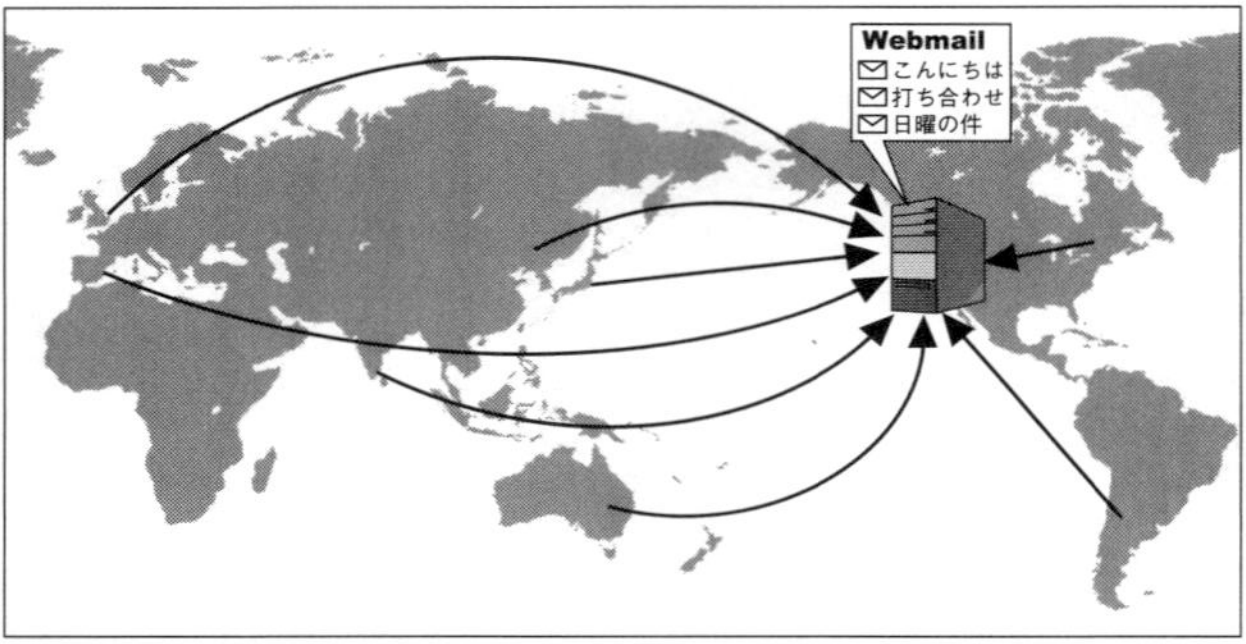

図1　ウェブメールのメールボックスはネット上にある
接続が確立できウェブ・アクセスすることができるかぎり、世界中どこにいても自分に届いたメールを確認することができる。

マンやバックパッカーなど、「長く留守にすることが多い人たち」です。

パソコンにメーラをインストールし、ダウンロードしたメールを確認するスタイルは、常に「自分のパソコン」が近くになければなりません。携帯電話でメールの送受信ができれば問題はありませんが、当時はまだサービスが始まっていませんでした。したがって、長期にわたって家を留守にしたり、出張したりする場合、メールを確認できないことがとても多かったのです。

そんな時代にあって、ウェブメールは外出先で簡単にメールを確認できるほぼ唯一の方法でした。

前章で述べたとおり、ウェブメールのメールボックスはネット上にあり（図1）、ウェブページに表示されます。要は、ウェブ・アクセスできれば見ることができるわけで、「見る人」はどこにいてもいいわけです。必要なものは「ウェブを見ることができる」マシンだけ。それが自分のものである必要はありません。誰のものであっても、どこにあっても構わないのです。

宿泊者にネット接続したパソコンを貸し出すホテルが増え、世界中の大都市にネットカフェができていったのもこの頃のことです。ウェブメールは、旅先にあってもメールを確認できるサービスとして、利用者を増やしていきます。「いつでもどこでも、マシンさえあればメールが読める」。これがウェブメールの最大の利点です。

●設定がらくちんなウェブメール

ウェブメールには、もう一つ利点があります。

自分でメーラの設定をしたことがある方はわかると思いますが、メールの送受信設定はことのほか面倒なものです。

次ページ図2はメーラThunderbirdの設定ウィンドウですが、とにかく入力しなければいけない項目がたくさんあります。最新のメーラはこのあたりの手続きが自動化／簡略化されていますから、以前に比べだいぶ手間がかからなくなっていますが、それでも相当に面倒です。

理由はわかってもらえるでしょう。メーラを使ってのメールの送受信は、「送信」の場合と「受信」の場合、それぞれプロトコルが異なっています。したがって、設定が二種類必要なの

図2　メーラの設定ウィンドウ（Thunderbird）
多くの項目を入力することではじめて使うことができるようになる。

です。さらに、アクセスする相手は個人のアカウントを備えたメールサーバですから、アクセス先の設定も欠かせません。

ウェブページ／ウェブサイトは、そうした面倒な設定をせずに見ることができます。通信プロトコルはＨＴＴＰの一種類だけ（ＨＴＴＰＳはほぼ同じものと考えることができます）ですし、ブラウザはウェブページを見るためのソフトウェアです。

ウェブメールは、このあたりの設定も簡略になっています。ブラウザを使ってウェブページを見るわけですから、通信プロトコルに気を遣う必要はありません。必要なのは、自分のメールボックスが表示されたページにアクセスするためのＩＤとパスワードだけです。この簡便さも、ウェブメールの利点の一つだ、と言うことができるでしょう。

なお、携帯電話のメールには、面倒な設定が必要になっています。しかし設定をする場面はほとんどありません。多くの場合、機器への電話番号の付与と一緒に、携帯電話の販売会社が設定してくれているからです。

●ウェブメールの高機能化

ネット接続できるマシンがあれば、どこからでもメールを確認できる。送受信のために面倒な設定をする必要がない。これがウェブメール最大の利点です。だからこそ現在はウェブメールが隆盛なのだ、と言うことも可能でしょう。

しかし、ウェブメールが一般化するためには、とても長い時間がかかりました。わかりやすい言い方をすれば、多くの人が「ウェブメールの存在」を知りながら、ローカル（自分のパソコン）にインストールされたメーラに面倒な設定をして使うほうを選んでいたのです。

理由はいくつか考えることができますが、最も大きなものは、メーラに比べてウェブメールの機能が低かったからだと思われます。メールを書く際にも、保存された過去のメールを整理したり検索したりするにも、迷惑メールの対策も、メーラのほうがずっと機能が充実していました。

ところが、2000年代中盤ぐらいから、この状況が一変します。わけても、ウェブメール・サービスとしては完全に後発であるグーグル社のGメールの登場（2004年）が、多くのユーザにウェブメールへの移行を促しました。Gメール・アドレスxxx@gmail.comは2012年には4億以上のアカウントを持ち、世界で最もユーザの多いアドレスになっています。

Gメールをはじめとして、この時期、ウェブメールが備えはじめた特徴は、次のようなものです。

①大容量のディスクスペースを備えていた（Gメールはサービス開始当時、メール保存のために1GBのディスクスペース――2014年3月時点で15GB――を約束していた。これはウェブメールとしては破格のデータ量であった）

②当時のメーラをはるかにしのぐフィルタ機能を持ち、迷惑メールの遮断に成功した

③過去のメールの検索機能が充実していた（検索はグーグルの独壇場だった）

④複数アカウントの一元管理が可能だった

このうち、④は若干の説明が必要かもしれません。この頃、携帯電話を利用してメールの送受信を行う人が増え、個人がたくさんのメールアドレスを持つようになっていました。会社の

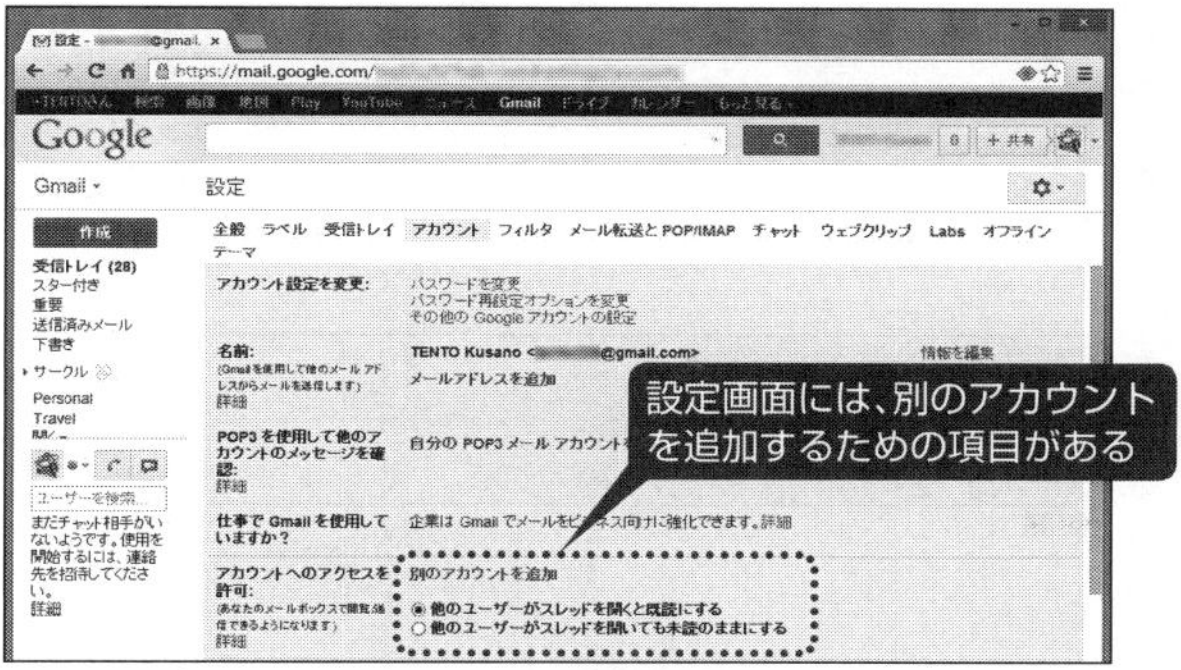
Google
Gmail
設定
設定画面には、別のアカウントを追加するための項目がある

図3　ウェブメールのアカウント設定画面（Gメール）
別のメールアドレスを設定できる。複数アドレスを一元管理できる便利さが、ユーザのウェブメール移行を促進することになった。

アドレス、個人のアドレス（プロバイダのアドレス）、そして携帯電話のアドレス、これにマイクロソフトやヤフーが提供するウェブメール・アドレスなどが加われば、一人で四つのアドレスを持つことになります。

この傾向から、届くメールは一つのメールボックスで一元管理したい、というニーズが高まっていました。これはすでにメーラの機能として実装されており、パソコンにメールをダウンロードする形であれば、行うことも可能でした。Gメールはそこに、「いつでも・どこでも」という従来のウェブメールが持っていた特徴を加味することに成功したのです（図3）。

メーラよりもウェブメールのほうが便利だということに気づいたユーザが、ウェブメールに移行し始めたのです。

3-2 ウェブから提供されるソフトウェア

●ウェブに訪れた大きな変化

前節でふれたウェブメールの高機能化は、ウェブのもっと大きな変化の一部としてとらえることができます。この変化の詳細を、順を追って眺めていくことにしましょう。

２０００年代の後半から、「クラウド」ないしは「クラウド・コンピューティング」といった言葉が語られるようになりました。テレビや新聞などでもよく語られていましたから、耳にしたことがある方も多いことでしょう。

ＩＴの世界は変化が激しいため、意味もハッキリしないのになんとなく新しそうなのでみんなが使いたがる言葉が生まれては消えていきます。「クラウド」もまた、そんな言葉の一つです。いわゆるバズ・ワード（意味が広くてあいまいな言葉）であり、定義は存在しません。

「クラウド」とは英語で「雲」のことです。もともと、不特定多数のコンピュータがつながったネットワーク（すなわちインターネットです）を図で表現するとき、ひとかたまりの雲のように描くことが多かったのですが、「クラウド」はそこからついた名だと言われています。要するに、クラウドとはインターネットのことであり、クラウド・コンピューティングとは「インターネットを使ったコンピュータ利用」のことです。

だったら、ことさらに強調することもないじゃないか、と思うかもしれません。わたしたちはメールやウェブページの閲覧を中心に、インターネットをずっと前から利用していました。これらもクラウド・コンピューティングである、と言っても決して間違いになりません。「インターネットを使ったコンピュータ利用」には違いないし、そもそも言葉の定義がないのですから！

しかし、「クラウド・コンピューティング」という言葉が使われるときには、それら従来のコンピュータ／インターネット利用とは一線を画した利用方法である、という文脈で語られることが普通でした。

●ローカルからクラウドへ

クラウド・コンピューティングに関して具体例をあげましょう。

わたしたちがパソコンを使って作業をするとき、多くの場合はローカル（自分のパソコン）

にインストールされたソフトウェアを使用します。文書を整形するとき、表計算をするとき、プレゼン用の資料を作成するときなどには、ワード、エクセル、パワーポイントといったオフィス・アプリケーションが大活躍します。

これらのソフトウェアはパソコンのディスクの中に入っていますから、作業をするためにインターネット接続は必要ありません。パソコンの中にソフトウェアが入ってさえいれば、作業できるのです。逆に言うと、これらのソフトウェアがなければ、仕事になりませんでした。少なくとも以前はそれが当たり前だったのです。

しかし、現在はそうしたソフトウェアがなくとも、ネット接続さえあれば作業をこなすことが可能になっています。グーグルやマイクロソフト、ZOHOといった企業が、ウェブを介して利用できるオフィス・ソフトウェア（ウェブアプリ）を提供するようになっているからです（図4）。

「クラウド・コンピューティング」には大きな意味の広がりがありますが、一つにはこうした「ウェブ（クラウド）上のソフトウェア群」を利用するスタイルを指しています。ウェブから提供されるアプリはオフィス・ソフトウェアばかりでなく、メモ、スケジュール帳、お絵かき／画像編集、写真の表示、オンライン・ストレージ（ウェブ上のファイル保存スペース）など多岐にわたり、今やパソコン上のソフトウェアのほとんどはすべてクラウドにある、と言って

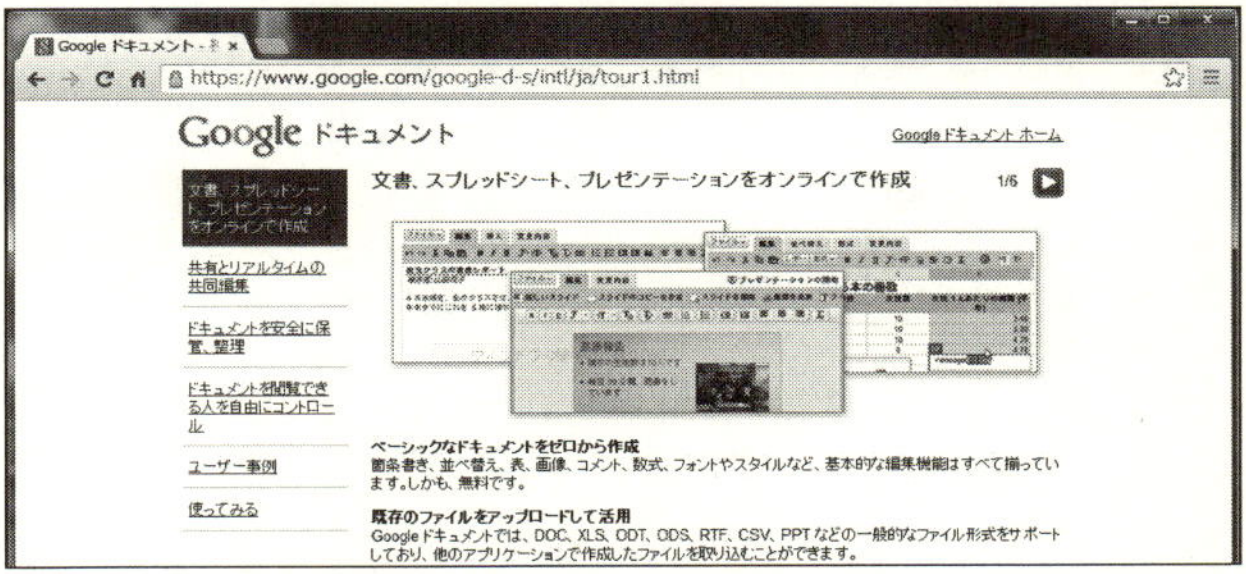

図4　クラウドを利用したウェブ・サービス「グーグル・ドキュメント」
ワープロ「ドキュメント」、表計算の「スプレッドシート」などがある。作ったデータはウェブ上のドライブに保存される。Gメールのアカウントを取得すると自動的に使えるようになる。

もいでしょう。

前節でふれたウェブメールの高機能化も、こうしたウェブアプリの充実の一環である、と見ることができます。

●ウェブアプリ利用のメリット

ソフトウェアがクラウド上にあることによって、多くのメリットが生まれました。一つは、「いつでも・どこでも」作業ができることです。

かつて、「明日までに資料を作成せよ！」と厳命を受けたサラリーマンは、会社に遅くまで残って仕事をこなすしか方法がありませんでした。むろん、自宅にオフィス・ソフトウェアがインストールされたパソコンがあれば、家でも仕事を続けることができますが、仕事環境としては会社と家、その二つしか考えられなかったわけです。

しかし、クラウド上のソフトウェアならば、ネット・アクセスできる環境さえあれば、どこでも作業を続けることができます。ネットカフェでも、マンガ喫茶でも、友達の家でも、スマートフォンやタブレット、ノートPCなどモバイル機器を持っているならば、電波が届くかぎり、どこであっても作業を続けることが可能です。

さらに、クラウド上のソフトウェアは、一つのファイルを複数の人間が編集できる、というメリットももたらしました。あなたのパソコンの中に保存されているファイルは、基本的にあなたしか編集できませんが、ウェブ上に保存してあるならば、多くの人がそれを閲覧し、編集することができます。

もっとも、ローカルのアプリケーションがまったく古いものになったわけではありません。ローカルにしかないよい点ももちろんあります。常に安定した環境で作業が続けられる点です。

さきに「スマートフォンなどモバイル機器で作業が続けられる」と述べましたが、実際には通信速度の制限を受けます。少なくとも2014年現在、まだ作業環境として適当とは言えません。ガンガン数値を入力して、それを表にしてグラフにして……といった作業は、ローカルのアプリケーションを使ったほうがスムーズな場合が多いでしょう。

とは言え、ローカルで作ったファイルをウェブにアップロードして、以降はみんなで編集、といった作業のやり方も当たり前になってきています。ウェブアプリの重要性は以前よりずっと高くなっているのです。

3-3 変わるクライアント・マシン ～マルチ・デバイス化～

●クライアント／サーバモデルの変化

前章で述べたとおり、ウェブはクライアント／サーバモデルで成り立っています。クライアント（わたしたちのマシン）が「データをよこせ！」と要求し、サーバがそれに応えてサービスを提供する、これがクライアント／サーバモデルであり、ウェブはこの仕組みで成り立っています（50～52ページ参照）。

ウェブが変化をしたといっても、この仕組みに変化があったわけではありません。「クライアントとサーバが対《つい》になって仕事をする」という点はいささかも変わっていないのです。変わったのは、それぞれの役割です。

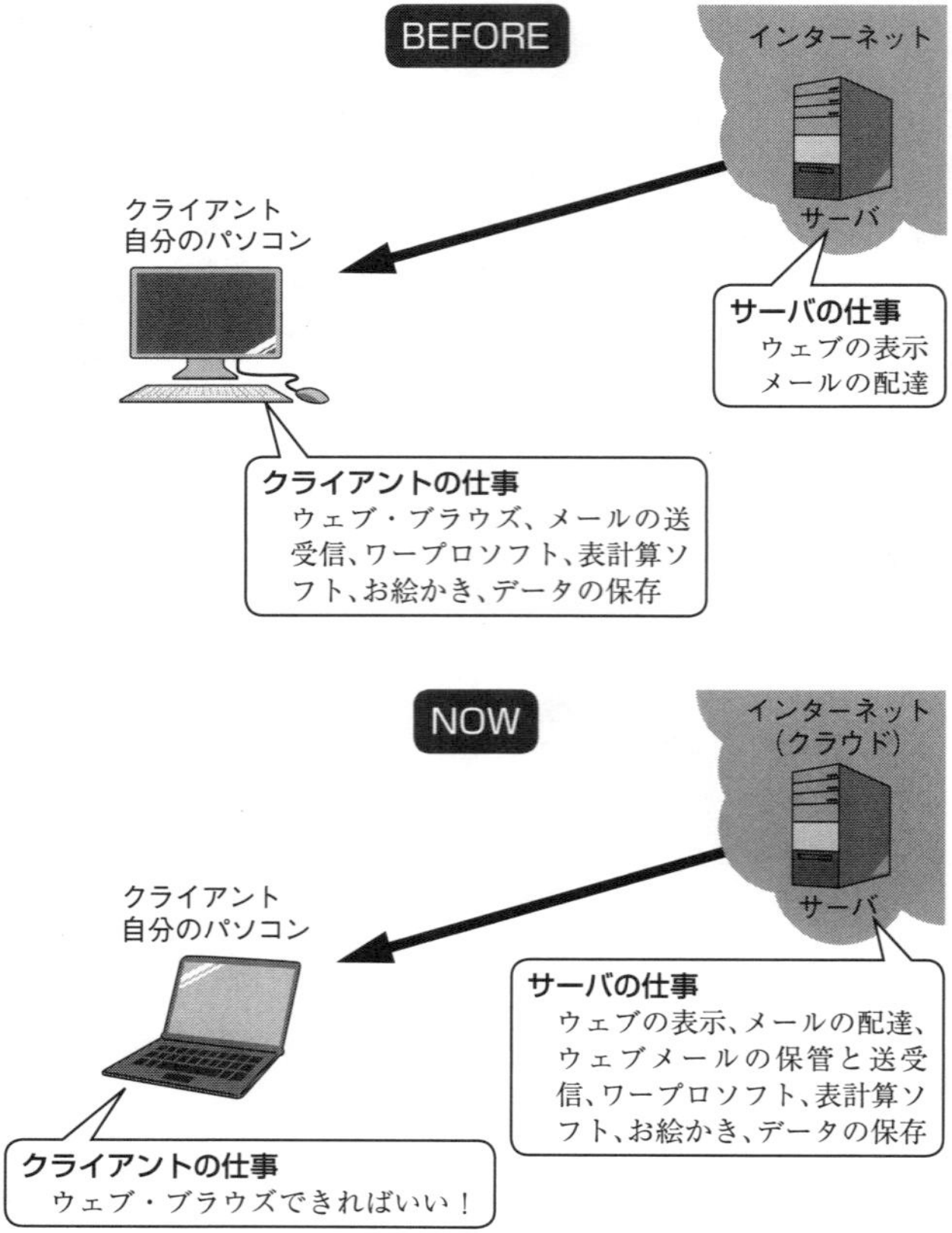

図5　クライアント／サーバモデルの変化
「BEFORE」の時代にもウェブメールは存在した。また「NOW」であっても、ローカルにインストールされたソフトウェアを使うことは普通にある。

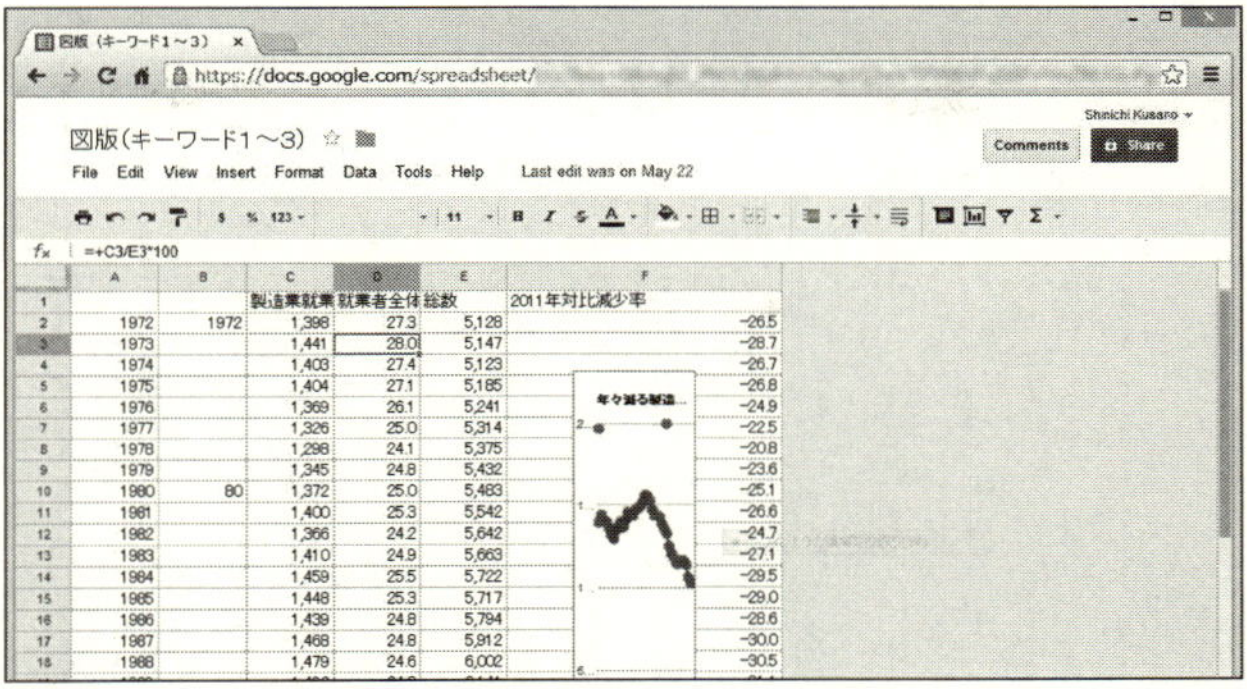

図6　グーグルのウェブアプリ「スプレッドシート」
ブラウザにウェブページの形で表示されたアプリに数字を入力して使用する。グラフにしたり表にしたりの操作もブラウザ内で行う。

詳細は図5にゆずりますが、クラウド上のソフトウェア——ウェブアプリを利用するスタイルでは、以前よりずっと「サーバの仕事」が増えています。反対に、わたしたちのマシン（クライアント）は仕事がシンプルになっています。

仕事はウェブ・ブラウズだけなので、必要なソフトウェアはブラウザだけになっているのです。

図6は、グーグルが提供するウェブアプリ「スプレッドシート」です。マイクロソフトのエクセルと同じような表計算アプリになっています。セルに数字を入力し、計算し、それを表にしたりグラフにしたりする作業ができます。これらの操作は、すべてウェブを介し、ブラウザの中で行われます。

●マルチ・デバイスへの発展

クライアント・マシンに入っていなければならないソフトウェアがブラウザだけになり、シンプルになったことが、インターネットに接続できる機器の種類を増やしていくことになります。

メーラを使ってのメールのやり取りを思い出してください。通信プロトコルがとても複雑でした。メールを出すときにはＳＭＴＰ、メールを読むときにはＰＯＰ３やＩＭＡＰ４、メーラは、それぞれのプロトコルを仕組みとして備えていなければならなかったのです。いきおい、インターネット接続するマシンはさまざまなソフトウェアがインストールされたものである必要がありました。

かつて、「インターネットに接続できるマシン」はパソコンをおいて他になかったのは、一つにはこうした「各種のプロトコルに対応する」ために、さまざまなソフトウェアを備えていなければならなかったからです。

今、家電量販店に行くと、「インターネットに接続できる機器」が本当にたくさんあることがわかります。パソコンは当然のこと、携帯電話（スマートフォン）やタブレット、電子ブック・リーダー、ウェブテレビ、デジタル・フォトフレーム、車載情報システム（カーナビ）

……枚挙にいとまがありません。ネットに接続する機器は今後ますます数が増え、いわゆる家電製品——エアコンや電子レンジ、掃除機や冷蔵庫さえネットに接続するのが当たり前になるだろうと言われています。部分的にはその機能を備えた機種もすでに登場しています。

ネットに接続する機器が増えていく——こうした状況を「マルチ・デバイス化」と呼んでいます。これが可能になったのは、なんと言ってもウェブの機能が充実し、ブラウザのみですべてを行うことができるウェブアプリ利用が一般的になったからです。

●ガラケーからスマホへ

2014年現在、ガラパゴス・ケータイ——「ガラケー」と揶揄《やゆ》されることの多い日本製の携帯電話（フィーチャーフォン）が大きく生産数を落とし、スマートフォンが取って代わろうとしています。これは、クラウド・コンピューティングの隆盛やウェブアプリの充実、クライアント／サーバモデルの質的変化と同列にとらえることができます。

かつてのスマートフォンは、軽量で、能力が限定されていることが特徴でした。サーバの力に頼り、クライアントの能力があまり要求されていなかったためです。タブレットに関しても同様でした。

2014年現在、スマートフォンやタブレットは年々性能をあげ、かつてのパソコンをはるかに凌駕する性能を持つものに変わってきています。ウェブアプリが多様化し、クライアントに高度な演算性能・描画性能を要求するものが増えてきたためです。また、グーグルが2013年春にリリースしたノート型PC「クロームブック・ピクセル」は、入っているソフトウェアはブラウザ「Chrome」だけ、ほぼすべてウェブアプリを利用して仕事をするスタイルを取っていながら、演算性能・描画性能は現在の技術の粋を集めたハイエンドモデルになっています。

一方で主にアジアで生産・販売されるデバイスも増え、こちらは大量生産による低価格化が進んでいます。インド製のAakashというAndroidタブレットは、なんと販売価格約2700円だそうです。ひょっとすると、時間がたてばこれすらも標準的な価格になり、もっと安いモデルが登場するのかもしれません。

3-4 サーバマシンの変化 ～進化するウェブ・テクノロジー～

●サーバってなんだろう

前節では、クライアントの仕事が減って、サーバの仕事が増えている、と説明しました。このことがクラウド・コンピューティングを可能にし、スマホやタブレットを登場させ、マルチ・デバイス化を促進させたのは間違いありません。サーバが変わったからこそ、クライアントが変わり、家電量販店の風景さえ一変させてしまったのだ、と言ってもいいでしょう。

いったい、サーバにどんな変化があったのでしょうか。

それについてふれる前に、サーバとはどんなものかを簡単に説明してみましょう。

サーバマシンは、わたしたちが日常使用するパソコンと仕組みも扱い方もほとんど変わらない普通のコンピュータです。特別なところがあるとすれば、見た目が少々違っている、ということでしょうか（次ページ図7）。

サーバは基本的に、24時間365日休みなく稼働する必要があります。たとえば、わたしたちが深夜であろうと早朝であろうとウェブ・ブラウジングすることができるのは、ウェブページのデータを格納したサーバが休まず動いてサービスを提供しているからです。友達からのメールを何時であっても受け取ることができるのも、メールサーバが休みなく動いているからにほかなりません。サーバは休まず動き続けるものなのです。

コンピュータは所詮機械ですから、休みなく使い続ければすぐに壊れてしまいます。しかし、サーバマシンはそう簡単に壊れては困るのです。たとえばショッピング・サイトのサーバが取り引きの途中に動かなくなってしまったらどうでしょうか。簡単に責任問題・信用問題に発展してしまうでしょう。パソコン・ユーザなら必ず経験するフリーズも、サーバマシンには許されません。

したがって、サーバマシンはとにかく信頼性が第一だと言われていました。放熱・冷却・防塵に配慮し、耐久性の高い堅牢なマシンこそ、望ましいサーバだと考えられていたのです。

図7　サーバマシン

24時間休まず動いてサービスを提供し続ける。放熱・冷却・防塵などに配慮した耐久性の高いマシンが多い。見た目は違っても普通のコンピュータであり、扱い方はパソコンとほとんど変わらない。

写真提供　株式会社ビットアイル
http://www.bit-isle.jp

こうしたサーバを生産し、大きな利潤を得ていた企業の代表がアメリカのサン・マイクロシステムズ社（以下、サン）です。サン製のサーバマシンはその信頼性において世界一と言われていましたし、日本でも多くの企業が採用していました。

ところが2010年、業績を悪化させたサンはソフトウェア企業オラクルに買収されてしまいます。サーバ販売事業の不振がその大きな理由でした。

信頼性の高いサン製のサーバが売れなくなった——これは、「サーバの変化」を象徴する事件でした。

●マシンは信頼できなくたっていい

言うまでもないことですが、サーバそのものへのニーズが少なくなったわけではありません。クラウド上のウェブアプリを利用するスタイルが一般的なものになり、マルチ・デバイス化が進行してアクセスするクライアントの数が増加すれば、当然のことサーバマシンは大量に必要になります。

しかし、サン製のサーバのような、堅牢で信頼性第一のマシンは求められなくなっています。堅牢で信頼性の高いサーバマシンは、その分高価だからです。言い換えれば、サーバの使用量の増加に伴うコストダウンのために、高価なサーバが求められなくなっている、ということです。

おそらく、世界で最も多くのサーバマシンを持つ企業はグーグルでしょう。ここではグーグルはどうしているのかを例に話を進めてみます。

グーグルの検索システムには、無数のサーバマシンが必要です。今この瞬間にも、世界中の人々がグーグルの検索システムを使っています。繰り返しになりますがウェブはクライアント／サーバモデルですから、クライアントのアクセスには必ず対応するサーバがあるのです。あの検索システムを実現するためにいったい何台のマシンが必要なのか、ちょっと想像できません。

また、すでにふれたように、同社のウェブメール・サービス「Gメール」は世界最大のメールサービスです。2014年現在のユーザ総数は約5億人とも言われ、そのユーザ一人あたりに15GBのディスク領域を約束しています。事故のないように運営するためにはそれぞれにバックアップが必要ですから、それだけでも果たして何台のメールサーバが必要なのか。これまたちょっと見当がつきません。

確実に言えるのは、彼らが利用しているサーバマシンは、かつてサンが生産していたような堅牢で信頼性第一のマシンではない、ということです。多くはPCサーバと呼ばれる、デスクトップPCとほとんど変わらないものだと言われています。

PCは普通、シャットダウンすることなく（休ませることなく）使い続ければ、ほどなくして壊れます。長くても一年はもたないでしょう。同じことがグーグルのサーバにも頻繁に起こっています。一説によれば、グーグルは1800台のマシンを一単位として運用しており、一年に1000台は、なんらかの形で故障が発生するそうです。一日に3台近く故障する計算になります。

それでもいいじゃないか——。それがグーグルはじめ、ウェブサービスを展開する企業の考え方です。マシン単体の信頼性は低くても構わない、システム全体の信頼性が高ければそれでいい、壊れたら取り替えればいいし、コスト的にはそのほうが圧倒的に安いのです。

この方法には大きなメリットがあります。ご存じのとおり、コンピュータ・ハードウェアは進化が速く、最新鋭のマシンも三年もすれば陳腐化します。しょっちゅう壊れ、しょっちゅう取り替えるシステムならば、そうした速い進化についていきやすいことになります。常にマシンを最新鋭に近い状態に保持し、時間が経つにつれ処理性能が上がっていく——これは、高価で信頼できるサーバマシンには望めなかったことでした。

●ウェブサービスを可能にする方法

グーグルが持つサーバ総数が果たしていくつなのかはわかりませんが、せいぜい100万台程度だろう、と言われています。ちょっと少なすぎじゃないかな、という気がしませんか？　インターネット・ユーザの数は年々すさまじい勢いで増えており、検索サービスを利用する人の数も同じ勢いで増えています。全世界のユーザを相手にするのに、わずか100万台で運用できるのだろうか？　この100万台の中に、全世界で約5億人とも言われるGメール・ユーザのアカウントが保存されていることになりますが、なぜそれが可能なのでしょうか？

これらを実現している技術は、主として二つあります。

一つは「仮想化」。もう一つは「分散コンピューティング」です。

まずは仮想化から述べてみましょう。

仮に別のドメイン（xxxxxx.comやxxxxxx.co.jpなど。61ページ参照）を持つウェブサーバを3台用意したとしましょう。当然、サーバの稼働率はそれぞれ異なります。すでに述べたとおり、ウェブサーバはクライアントからの要求があってはじめて動くものです。当然、要求が絶えずに大忙しのサーバと、ほとんど訪れる人のいないヒマなサーバが生まれる可能性は十分にあります。

一つのドメインに一つのマシンを割り当てる方法は、そうしたムダが多くなってしまうものなのです。そこで取られているのが、「仮想化」という手法です。

実体のあるマシンは1台だけで、その中に、一つのアプリケーションとして「仮想マシン」を3台立ち上げます。すると、1台のマシンパワーを使って、3台分の働きをさせることができるのです。これで「忙しいドメイン」の仕事を活発にこなすと同時に、「ヒマなドメイン」のサービスも実行することができます（図8）。サーバマシン単体の処理能力の上昇がこれを

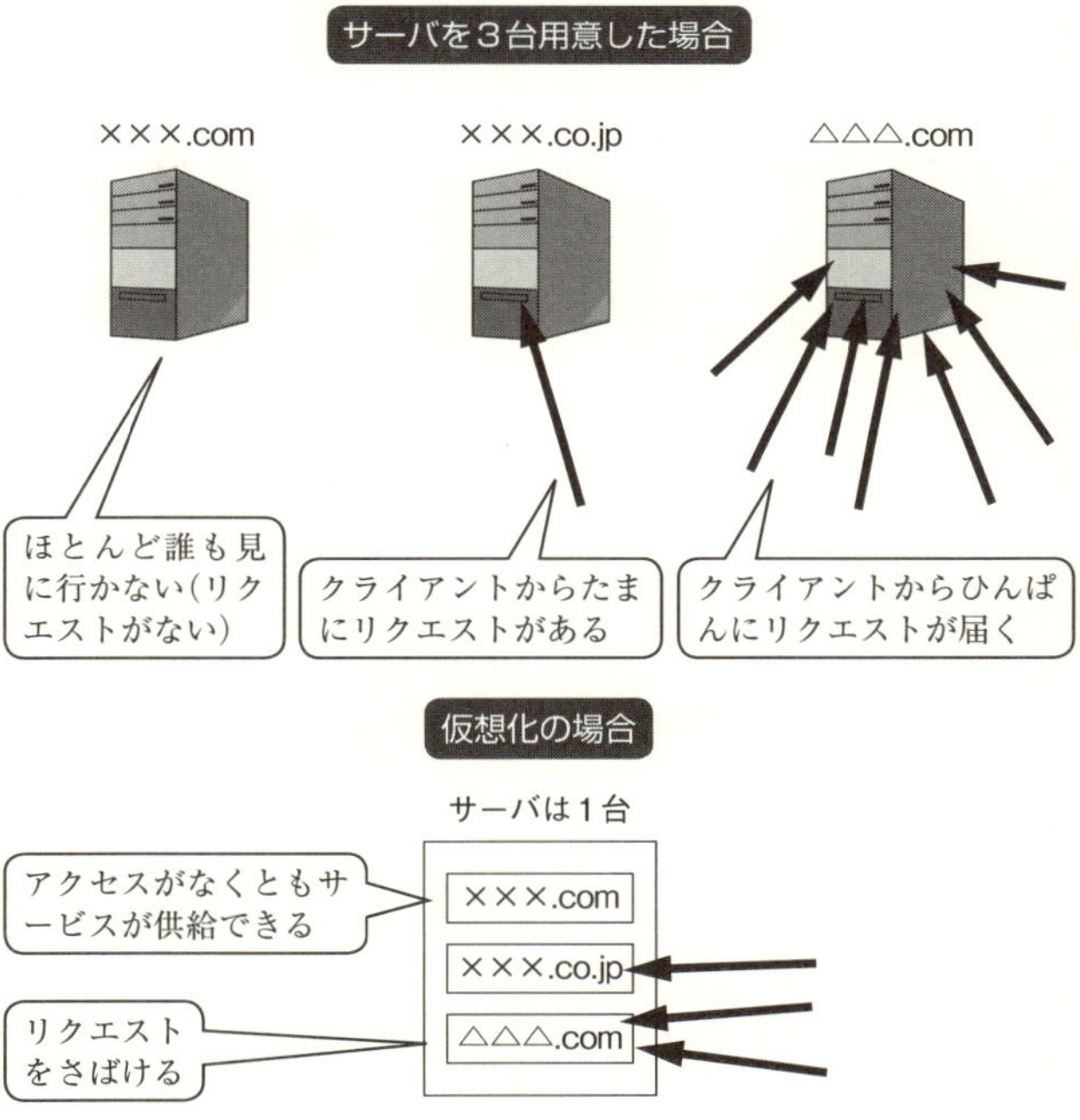
サーバを3台用意した場合
×××.com
×××.co.jp
△△△.com
ほとんど誰も見に行かない(リクエストがない)
クライアントからたまにリクエストがある
クライアントからひんぱんにリクエストが届く
仮想化の場合
サーバは1台
アクセスがなくともサービスが供給できる
×××.com
×××.co.jp
△△△.com
リクエストをさばける

図8　仮想化

仮想マシン
サーバだけではなく、わたしたちのPCでも普通に体験できる。写真はVMwareというソフトウェアを使用し、Windows上にWindows 7とWindows 8、Ubuntu Linuxのデスクトップを立ち上げたところ。ただし「OSの上でOSを動かす」ことになるので、それなりのマシンパワーを要求される。

可能にしました。

仮想マシンを使うメリットはもう一つあります。それは、管理がしやすいということです。サーバに不具合がないかチェックするのはシステム管理者の仕事ですが、マシンが3台あれば仕事量は単純に3倍です。仮想マシンなら1台と同じ……とは言わないまでも、仕事量を大きく減らすことができます。

また、「しょっちゅう壊れるマシン」を使用する際には、頻繁に取り替えが発生しますが、この際の対処も簡単です。仮想マシンの実体は、OSの上の一つのアプリケーションにすぎませんから、データのバックアップを取ったり、壊れたマシンから別のマシンに移動したり、といった作業がとても簡単なのです。

もう一つは、分散コンピューティングです。

分散コンピューティングは、「忙しいサーバ」の仕事を「ヒマなサーバ」に手伝わせる技術のことです。たとえば、グーグルの検索サービスは、どんな検索ワードを入れても、あっという間に答えを導きだしてくれますね。「グーグルの検索が遅い」という話はあまり聞いたことがありません。

これは、検索サービスを提供するサーバマシンが優れているからではありません。検索サーバが、「ヒマなサーバ」の能力を使い、「自分だけの力」ではなく「システム全体の力」を使って検索しているためです。

仮想化の技術を使って、1台のマシンで3台分のサーバが動くようにしたとしても、やはりマシンパワーは余ってしまいます。いつでもフル稼働というわけにはいきません。

たとえばアマゾンなどのショッピング・サイトでは、クリスマス前が一年で最も忙しく、アクセスが集中します。逆に「ヒマなシーズン」は当然あるし、アクセス数は時間帯によっても異なるのです。ウェブサーバには多かれ少なかれ、こうしたばらつきがあり、「ヒマなサーバ」は必ずできてしまうものなのです。

分散コンピューティングは、「忙しいサーバ」の仕事を「ヒマなサーバ」に手伝わせることによって、システム全体の能力を向上させます。

ちなみに、処理の速さが、あたかもオリンピック競技のように話題となるスーパーコンピュータも、分散コンピューティングで運用されていることが多くなっています。タンス大の巨大な高性能コンピュータを何十台何百台と連結して、マシン1台では何百年もかかってしまうような演算を瞬時に終わらせ、科学技術計算など複雑な計算に役立てる。それがスーパーコンピュータです。当然のこと、マシン単体の処理性能と同じぐらいに、「どう連動させるか」も、処理速度の向上に関係してきます。

3-5 企業のクラウド利用とクラウドの危険

●ITの「所有」から「利用」へ

2－6節の最後の項でも簡単にふれましたが、現在は企業ドメインのメールアドレス（@kodansha.co.jpなど）も、ウェブサービスを提供するIT企業――グーグル、マイクロソフト、アマゾンなどからシステムを借り、ドメイン名だけオリジナルなものにして運用されることが増えています。ITは「所有」するのではなく「利用」するものだ――そんな考え方が一般的になっているのです。

メールを例にとるならば、企業が独自ドメインのメールサーバを運用するためには、多大なコストを必要とします。サーバマシンなどハードウェアの管理も必要ですし、サービスを円滑に運営するための人員も多数必要です。なんらかの要因でシステムがダウンしてしまった場合、それは業務の停止につながり、大きな損害を引き起こします。さらに、地震・火事・洪水などの天災が起きても業務を継続できるようにするためには、機器やデータを二重三重にして遠隔地に置いておくなどの備えも必要になるでしょう。セキュリティへの対策も当然欠かせません。

それらすべてのコストを考えたら、外部に委託してしまったほうが安上がりだ、簡単に言えばそんな考えから、IT企業にシステムごと借り受けて運営するケースが増えているのです。これは、個人ユースとして提供されたITサービスが企業利用に発展した、きわめてまれな例だと言われています。

●データはどこにあるかわからない

個人でも企業でも、クラウド利用はもはや当たり前になりました。誰もがスマートフォンを持ち歩き、ウェブメールを使ってメールサーバに届くメールを確認する時代、クラウドなしでのコンピュータ利用はもはや考えられなくなっている、と言ってもいいでしょう。

しかし、クラウドには危険もあれば、心配もあります。この点は、誰もが了解しておく必要があるでしょう。

もともと「クラウド」という言葉には、まるで雲のように形があいまいでハッキリしない、という意味が含まれています。ウェブメールを使っているわたしたちは、もうメールのデータを自分で保管してはいません。ネット上のメールサーバに預けっぱなしなのです。

では、そのメールのデータ、友達や恋人、家族からもらった大切なメールのデータは、いったいどこに保管されているのでしょうか？　あなたがGメールを使っているなら、それはグーグルが管理するサーバマシンのディスクの中なのは間違いありません。では、そのサーバマシンはどこに置かれているのでしょうか？

多分、グーグルの社員にたずねても「地球の上のどこかだろう」という答えが返ってくるのみでしょう。教えてくれないのではなく、本当に知らないのです。

前節で述べたとおり、クラウド時代のサーバは、徹底的にコストダウンすることで運営されています。マシン単体の価格が安いばかりではありません。サーバマシンを置くには、場所代・電気代・人件費など、維持のためのコストも相当かかります。

こうしたコストを下げるためには、サーバをできるだけ安く管理できる場所に置く必要があります。それは恐らく、日本のような地価や電気代、人件費が高い国ではないでしょう。発展途上国と呼ばれる国ならば、コストは驚くほど安くあがります。また、大量のサーバを巨大なコンテナに乗せ、トレーラーで移動しながら運営していることもあると言います（不動産にかかるコストが浮きます！）。

データがどのように扱われていようと、わたしたちはそれを知ることができません。

地球上のどこかにあるサーバに預けられたデータは、不意の事故で失われることが当然あり得ます。それは天災かもしれないし、戦争かもしれないし、単なるサーバの故障かもしれません。いずれにしても、失われたデータは基本的に、元には戻りません。流出事件は毎日のように報じられていますし、グーグルやヤフー、マイクロソフトのデータが失われた、流出した、と報じられたことも何度かあります。ある日突然、メールのデータが一切紛失する、ということもないとは言えないのです（これを防ぐには、ユーザがこまめにバックアップを取る以外の方法はありません）。

企業のクラウド・システムは、このあたりに気を配っているものも多くなっています。サーバマシンを擁するデータセンターの場所を明らかにし、その管理体制をガラス張りにすることで、顧客に安心感を提供する。そうした形で運営されるクラウド・システムも増えています。

4章

データは実際どのように運ばれるのか？

4-1 データはパケットに分割される

本章より、現実にインターネットを介し、どのように通信が行われるかを見ていきましょう。

わたしたちは、あるときは友達からのメールを受け取り、またあるときはウェブページを閲覧します。動画を視聴したり、音楽をダウンロードしたり、ネットゲームをしたりすることもあるでしょう。その他、インターネットはさまざまな「情報のやり取り」に利用されます。とは言え、インターネットを通してやり取りされているのは、いつでも無性格きわまりない1と0の羅列、デジタルデータです。それがどういう意味を持つか、何の役に立つかは人間がそれを利用する際に問題になることで、「通信」の過程においては一切無視されます。

インターネットは、「通信」されているものが何かを無視することで成り立っていると言っても過言ではないのです。

●データは小さな単位（パケット）に分けられる

ウェブページを見る場合で考えてみましょう。わたしたちはブラウザを立ち上げ、URLを入力する、またはリンクをクリックするという動作を経ることによって、該当するウェブサーバにリクエストを送信し、データを送ってもらう形になっています（50～52ページ）。しかし、「通信」の過程において、わたしたちに届けられるデータは、「ウェブページの形」をしていません。

インターネットを介した通信においては、データは「パケット」という小さな単位に分割されて送信されます。パケットとは荷物の意です。大きなデータを小さな荷物に小分けにするイメージになります。

したがって、ウェブページのデータも、通信の途中はウェブページの形ではなく、小さな荷物（パケット）にバラバラに分解されて運ばれます。この際、内容はまったく考慮されません。たとえば、「このメールはここで文節が切れている。ちょうどいいからここまでを一つのパケットとしよう」「ここまでは画像のデータだから、ここで区切りをつけるようにしよう」などとお行儀のいいことはまったく考えてもらえないのです。

問題になるのはパケットの「大きさ」（データ量）だけです。データは中身に関係なく、文

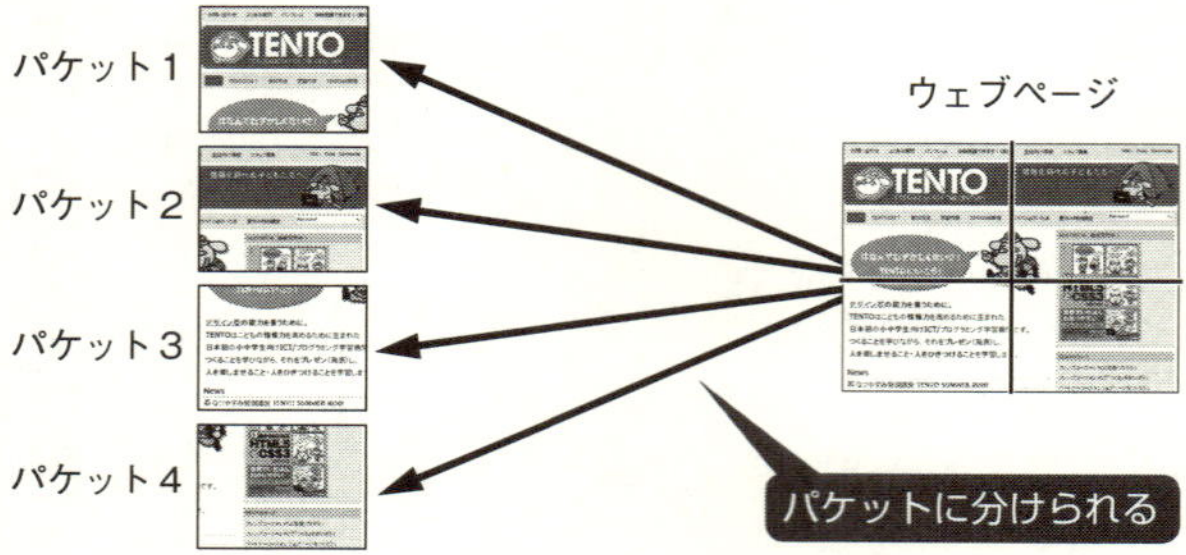

図1　データはパケットに分割される
インターネットでは、データを送信する際、必ず「パケット」と呼ばれる小さな単位に分割される。データの分割においては「人間の事情」はまったく考慮されない。

字どおり無残にぶった切られ、適当な大きさのパケットにまとめられます（図1）。それがメールだろうが、ウェブページだろうが、音楽だろうが動画だろうが、一切考慮されません。

分割されたデータは、わたしたちの手元に届いてから、元の形に組み立てられる過程を経ることになります。その過程があってはじめて、わたしたちはデータを意味のある形で眺めることができるのです。

●パケットに分割する理由

それにしても、どうしてデータをパケットに分割しなければならないのでしょう？　パケットに小分けにされて送られている以上、受け取る側もそれをまとめて元の形に戻す作業が必要です。そうでなければ送ったものと受け取るものが同じになりません。一つのファイル（データ）を分割せず、まるごと送れば、そんな手間は必要ないはずなのに！

少なくとも技術的には不可能ではありません。データを分割せず、まるごと送るのは難しいことではないのです。できないわけではないのに、あえて「送る側はデータをパケットに分割する」→「受け取る側はパケットを元の形に組み立てる」という過程を経ています。いったいどうしてでしょうか？

データをパケットという小さな単位に分割する理由は、インターネットが「限られた通信回線をみんなで使う」必要があるためです。

この形を維持するために、「データをパケットに分割する」という仕組みが取られています。

COLUMN パケット料金～従量制と定額制

「パケット」という言葉は、通信料金との関わりでよく話題になる言葉です。料金形態としては「従量制」と「定額制」があります。

「従量制」とは、通信の際、送ったり受け取ったりしたデータパケットの数に応じて支払いが発生する、ということです。パケットとは「荷物」という意味ですから、データの荷物を送ったり受け取ったりするたびにお金がかかるシステムだ、と考えればわかりやすいですね。

一方、定額制――「パケット定額」といえば、やり取りするデータパケット、すなわち荷物の数がいくつだろうと、料金は一定という意味です。早い話が通信し放題のスタイルになります。

主として、携帯電話のネットワークでデータ通信を行う場合に「パケット料金」が問題になります。

●「相乗り」で運ばれるデータ

図2のように、サーバから送信されるデータは、インターネット上にいくつもあるルータ（中継機器）を経ることで、わたしたちの手元に届きます。途中の過程では、さまざまな行き先を持ったまったく別のデータが、同じ回線の中を同時に通っていきます。

ファイルをまるごと送る、ということになれば、この形は取りにくいことがわかるでしょうか。大きなデータは、どうしても送信のために時間がかかってしまいます。もし、データが分割されていなければ、他のデータが同じ回線を通っていくことが難しくなってしまいます。

データをパケットに分割する理由の一つは、このように同じ回線上を異なるデータが「相乗

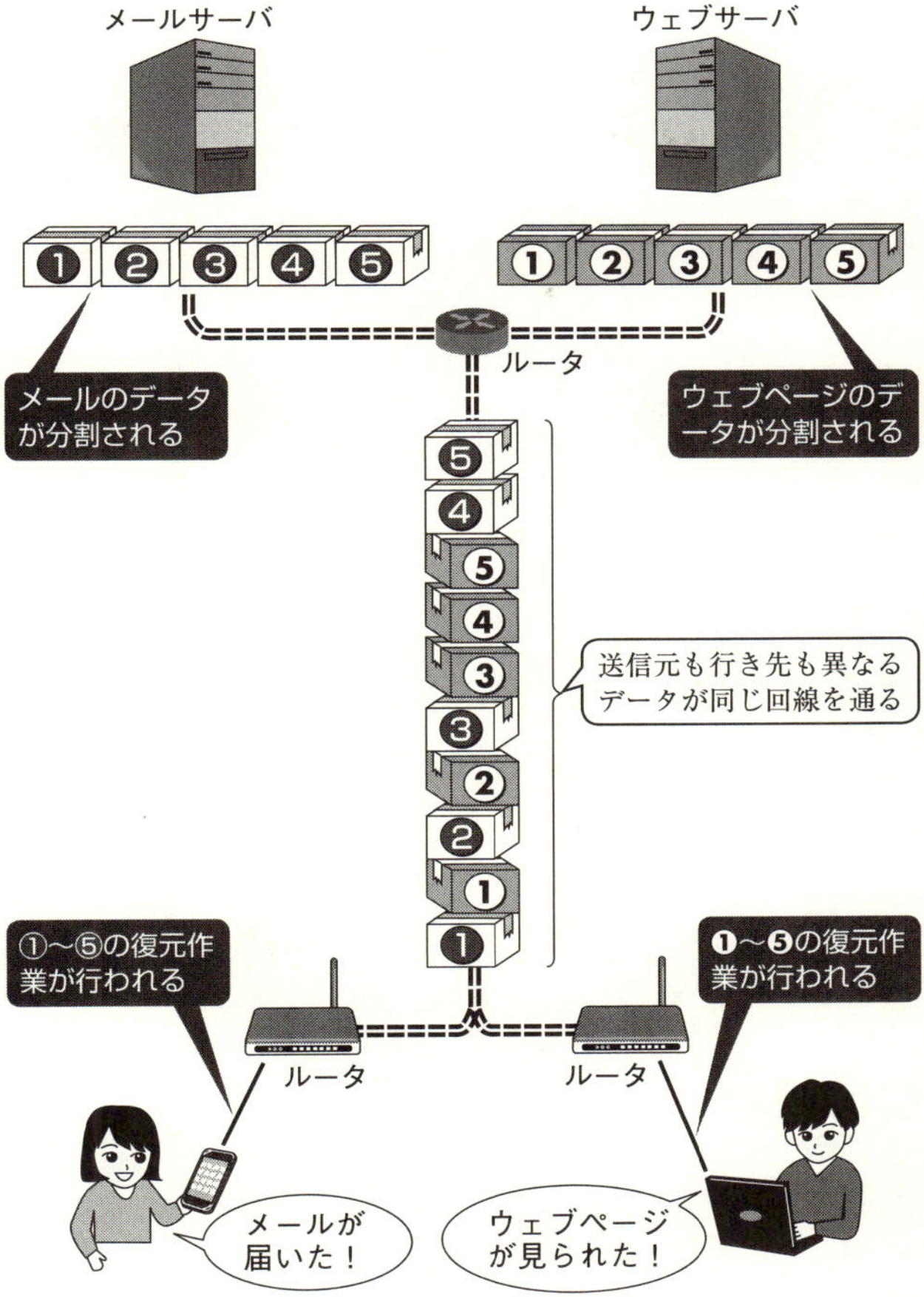

図2　データは「相乗り」して通信回線を通っていく

り」して送られる仕組みを作るためです。言い換えれば、限られた回線を有効に使う工夫が成されているのです。

●「通信エラー」の対処が容易

データをパケットに分割する理由は、もう一つあります。通信エラーが起きたとき、対処が容易なのです。

1章で述べたとおり、デジタルデータはそれを構成する1が1個抜けたり、0が1に変わったりしただけで、意味を成さなくなります。メールは読めなくなりますし、画像はきちんと表示されなくなります。送った側と受け取る側が、同じ形でなければならないのです。

とは言え、通信は遠く離れた外国にあるマシンと行うことも多いのですから、通信の過程でトラブルが起こることも普通にあります。1が抜けたり、0が1に変わったりは、「しょっちゅうある」と言ってもいいのです。

こうしたエラーが起きた場合、データは送信元から再送信する形を取ることになります。

もし、データを分割せず、まるごと送るスタイルだと、エラーが起きたときの対処がとても大変です。もう一度「データをまるごと」送信してもらわなければならないからです。大きなデータをもう一度はじめから送り直すのですから、当然、回線は混み合うことになりますし、

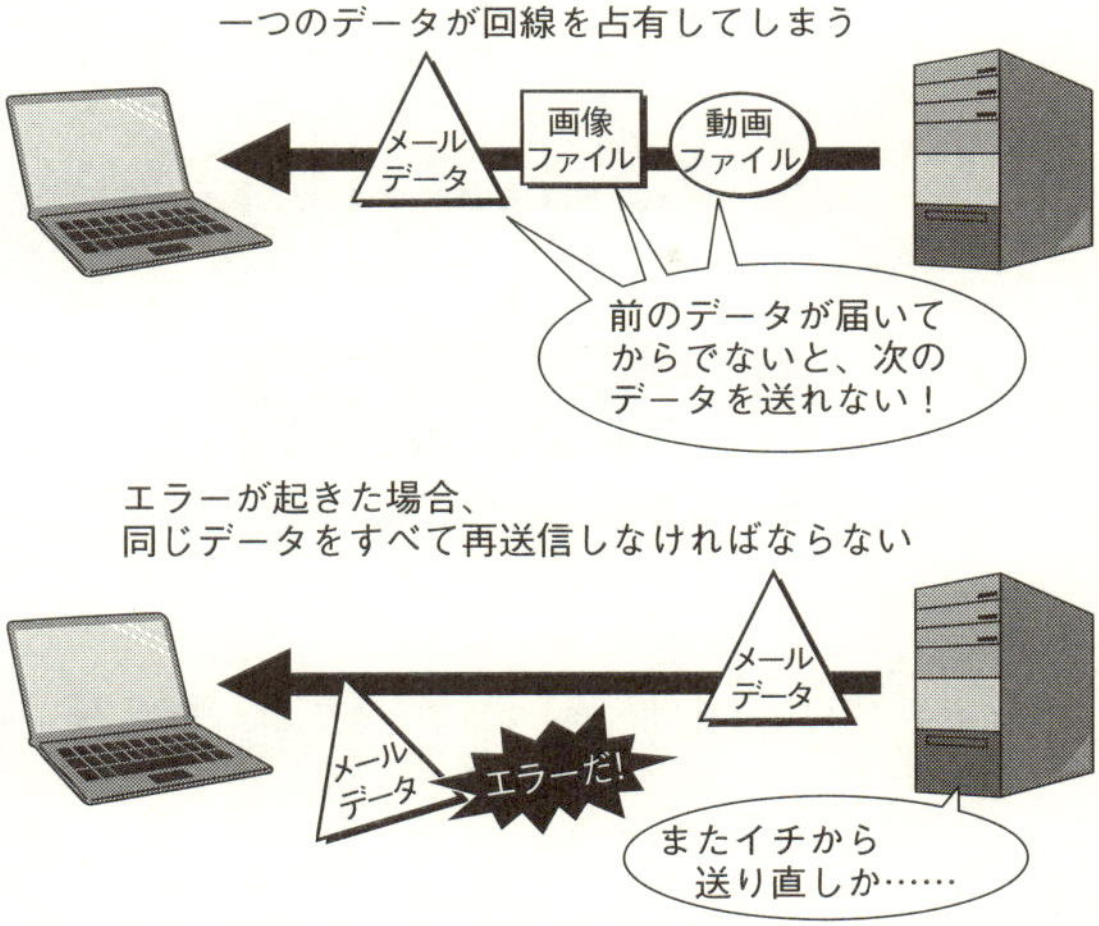
一つのデータが回線を占有してしまう
メール
データ
画像
ファイル
動画
ファイル
前のデータが届いて
からでないと、次の
データを送れない！
エラーが起きた場合、
同じデータをすべて再送信しなければならない
メール
データ
メール
データ
エラーだ!
またイチから
送り直しか……

図3　データをパケットに分割しない場合

通信そのものにも時間がかかります（図3）。

「パケットに分割する」方式が取られていれば、たとえば1が1個抜けたり、0が1に変わったりするエラーの際の対処が容易です。通信エラーがあった場合は、エラーが起きているパケットだけを再送信してもらえばよいからです。そうすれば、送る側の負担は少なく、回線も混み合わずに済みます（次ページ図4）。

主として以上の二つの理由によって、データは「小さなパケットに分割される」形で運ばれるのです。こうした形式を、「パケット交換方式」と呼んでいます。

通信のスムーズさ、通信エラーのときの対応など、
データをパケットに分割することでもたらされるメリットは多い

さまざまなデータが小さく分割された形で回線の上を行き来する

図4　パケット交換方式は理にかなっている

COLUMN　パケット交換方式と回線交換方式

電話で使われる回線交換方式は、パケット交換方式との比較でよく用いられます。

電話での通話は、物理的に1本の回線を占有することで行われます。つまり「電話で話す」ということは、「相手と自分が1本の電話回線で排他的につながる」ことを意味します。

通話しているとき、相手と自分との間につながれた回線は専用回線になりますから、他の人が相乗りすることはできません。よく、コンサートのチケットの予約電話などで「只今電話がかかりにくくなっております」というアナウンスが流れることがありますが、これは電話の利用者の数が回線の数を上回ってしまい、通話できなくなっている、ということです。

パケット交換方式は回線を占有することがありません。1本の回線の中に、行き先も種類も違うさまざまなデータが相乗り

して行き交うため、「回線が混み合う」ことがあっても、「通信相手」が存在するかぎり基本的に通信は確立されます。

●パケットには「ヘッダ」が付けられる

パケットの大きさは、ネットワークの種類によって決まっています。家庭や会社などでよく使われるイーサネットという規格では、一つのパケットが1500バイト以内と定められています。したがって、これより大きなデータはパケットに分割されます。400字詰め原稿用紙に日本語をびっちり敷き詰めたときのデータ量が800バイトですから、単純計算で原稿用紙2枚になれば、パケットに分割する必要があります。

パケットは「荷物」という意味ですが、扱いも実際の荷物とよく似ています。荷物を宛先に正しく送るためには、宛先の住所などを記した「荷札」が必要です。データパケットにも「荷札」に相当するものとして「ヘッダ」が付けられます。

ヘッダには、さまざまな情報が記されます。実際の荷物と同じように、宛先や送信元に関する情報が入るのはもちろんですが、それだけではありません。

データを分割して送信する以上は、受信する側で分割されたデータを組み立てる必要が生じ

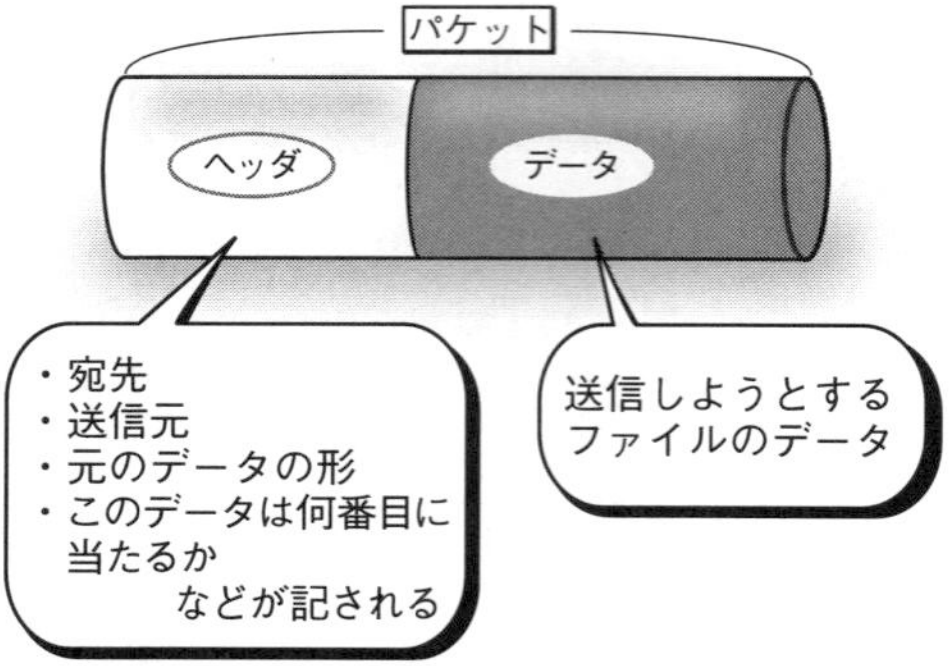

図5　パケットは二つのパートから成り立っている

ます。その際に必要なのは、「これは元々どういう形のデータで、このパケットは何番目に当たります」という情報です。これがないと、パケットを受け取っても、うまく組み立てることができなくなります。

インターネットを流れるデータは、さまざまな情報を記したヘッダと、送ろうとするデータそのものの、大きく分けて二つのパートから成り立っているのです（図5）。

データをパケットに分割し、送信を行い復元する作業は、ＩＰ（Internet Protocol）というプロトコルで行います。先に述べたように、通信にはエラーが付きものですから、届いたデータにエラーがないかチェックする機構も必要です。これをＴＣＰ（Transmission Control Protocol）と呼びます。

インターネットはＴＣＰ／ＩＰネットワークである、とよく説明されるのは、主にこの二つのプロトコルによってデータのやり取りを成立させているからです。

4-2 「宛先」を決める仕組み　～IPアドレス～

前節で、インターネットを流れるデータは「パケット」という小さな単位に分割されることを学習しました。一つ一つのパケットには「ヘッダ」という荷札のような情報が付けられ「データの宛先」「送信元」「そのデータが何番目に当たるものか」などの情報が記載されます。

このうち、「宛先」と「送信元」について見ていきましょう。

●インターネットの宛先

わたしたちが郵便を使って手紙のやり取りを行えるのは、「住所」があるからです。○○県××市△△町……という形で記載される住所には、同じものは絶対にありません。それぞれが唯一無二のものであるからこそ、わたしたちは安心して郵便のシステムを使い、手紙のやり取りを行えるのです。

192.168.0.8

図6　IPアドレスの例
IPアドレスは普通、ドット(.)で区切った数字の列で記載される。これはコンピュータが理解する1と0の列（2進数）を10進数に直して表記したものだ。

インターネットにも、郵便とよく似たシステムが存在しています。インターネットに接続しているコンピュータが必ず持っていて、他とは絶対かぶらない「住所」に当たるもの、これをIPアドレスと呼びます。

インターネットに接続しているコンピュータは、必ず他と重複することがないIPアドレスを持っています。IPアドレスは、図6のようなドット(.)で区切った数字の列で表されます。

●ウェブページ閲覧におけるIPアドレスの役割

2章でふれたウェブページの閲覧におけるやり取りを、IPアドレスで表すと、図7のようになります。

ウェブページは、クライアントがURLを入力したり、リンクをクリックしたとき、該当するウェブサーバがデータを送り返すことで表示されていました。この流れをより詳細に見るならば、クライアントからのリクエストは、ウェブサーバを示すIPアドレス（図7だと203.216.243.240）にパケットの形で送信され、「データを送れ！」というメッセージとして伝えられます（図7の①）。

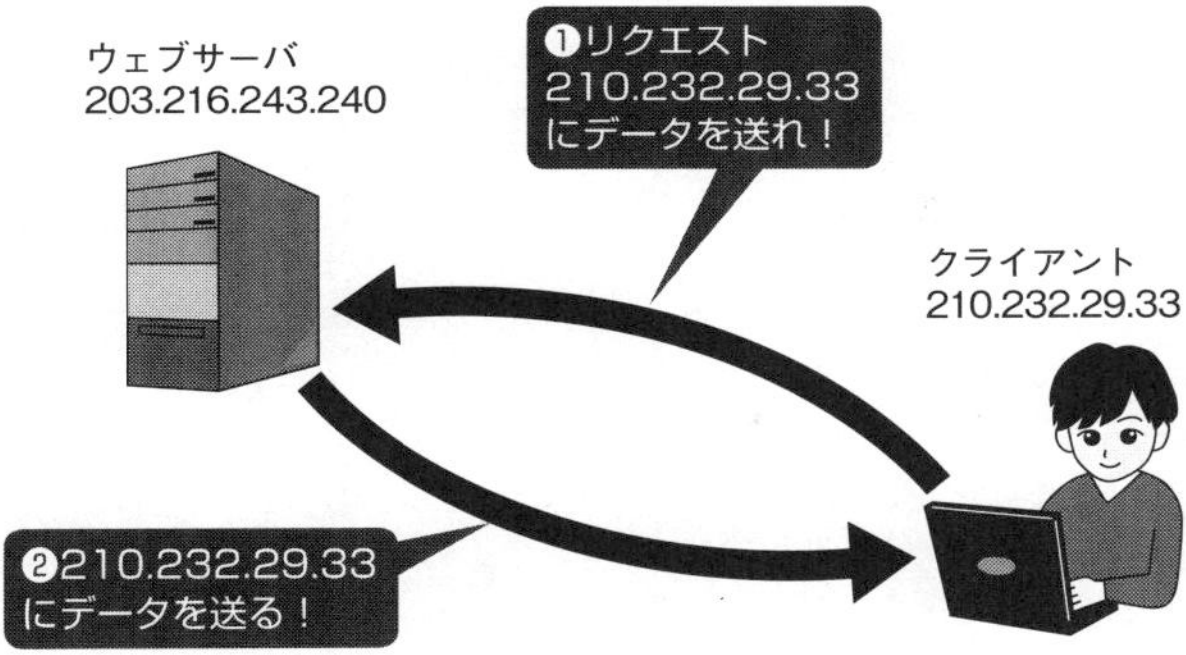

図7　ウェブサーバとのやり取り

ウェブサーバは、メッセージを受け取り、クライアントのＩＰアドレス（図7だと210.232.29.33）に、データをパケットの形にして送り返しているのです（図7の②）。

これは単純なウェブページ表示の例ですが、メールのやり取りの場合も、メールサーバと同様の手続きを経ることでメールを表示しています。インターネットの「通信」は、すべてＩＰアドレスを使って行われているのです。

●ＩＰアドレスを確認する

インターネットに接続しているコンピュータには必ずＩＰアドレスがあるのですから、当然、あなたのマシンにもＩＰアドレスはあります。表示するのも簡単です。

パソコンを例に、実際にやってみましょう。ウィンドウズ7やＶｉｓｔａの場合、次のように操作して、コマンドプロンプトというアプリケーションを立ち上げます。

ウィンドウズのスタートボタン↓［すべてのプログラム］↓［アクセサリ］↓［コマンドプロンプト］とクリック

ウィンドウズ８・１の場合、スタート画面上で右クリックし、画面下部に表示されたアプリバーから［すべてのアプリ］をクリックし、表示されるアプリの一覧から［コマンドプロンプト］を探しましょう。

コマンドプロンプトは文字でコンピュータに命令（コマンド）を与え、扱うためのアプリケーションです。「＞」の後ろでカーソルが点滅していますが、これがユーザの入力欄（コマンドを打ち込む部分）になります。「ipconfig」というコマンド（命令）を入力し、Ｅｎｔｅｒキーを押します（図８）。

すると、たくさんの情報が表示されます。この中で「ＩＰｖ４アドレス」と書かれているのが、あなたのＰＣのＩＰアドレスです。ここでの例だと、192.168.0.8になっています（図９）。数字は環境によって異なります。

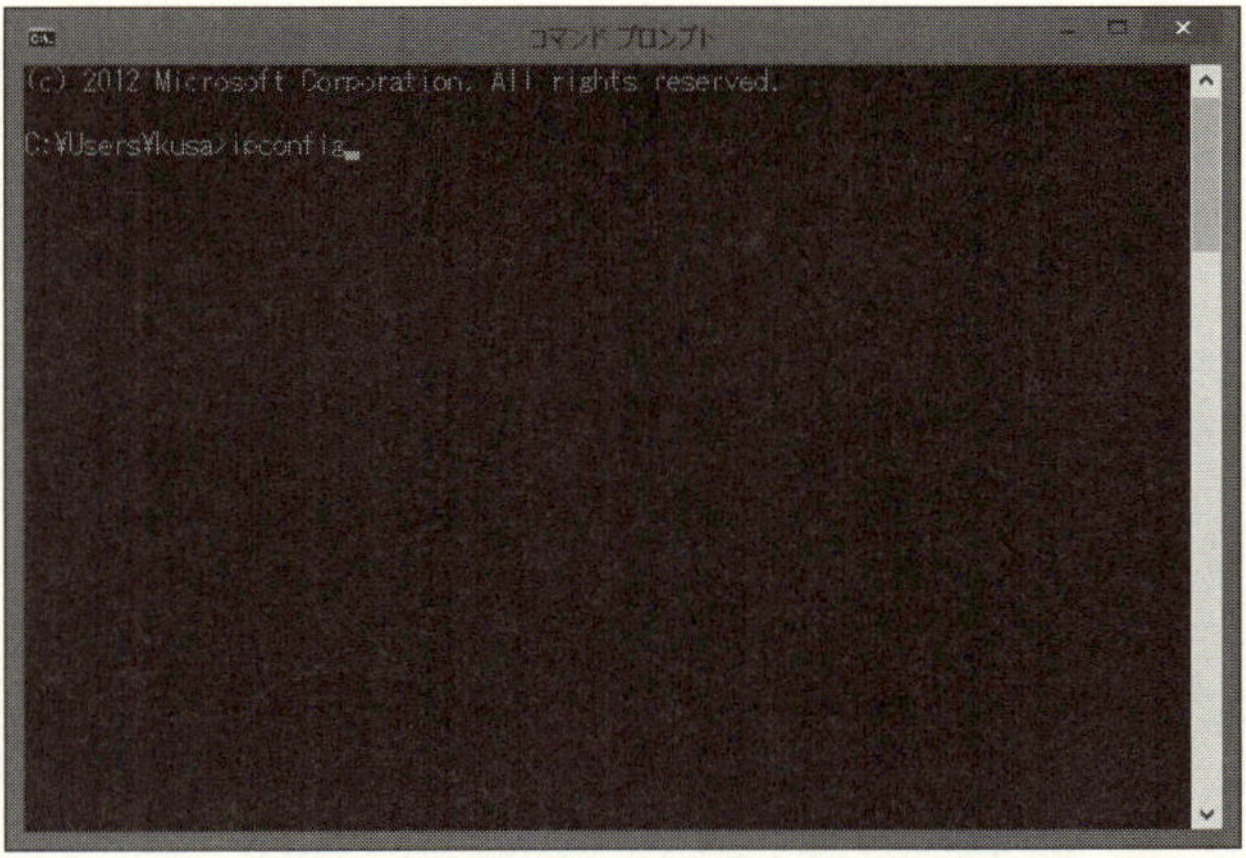

図8　コマンドプロンプトで「ipconfig」と入力し、Enterキーを押す

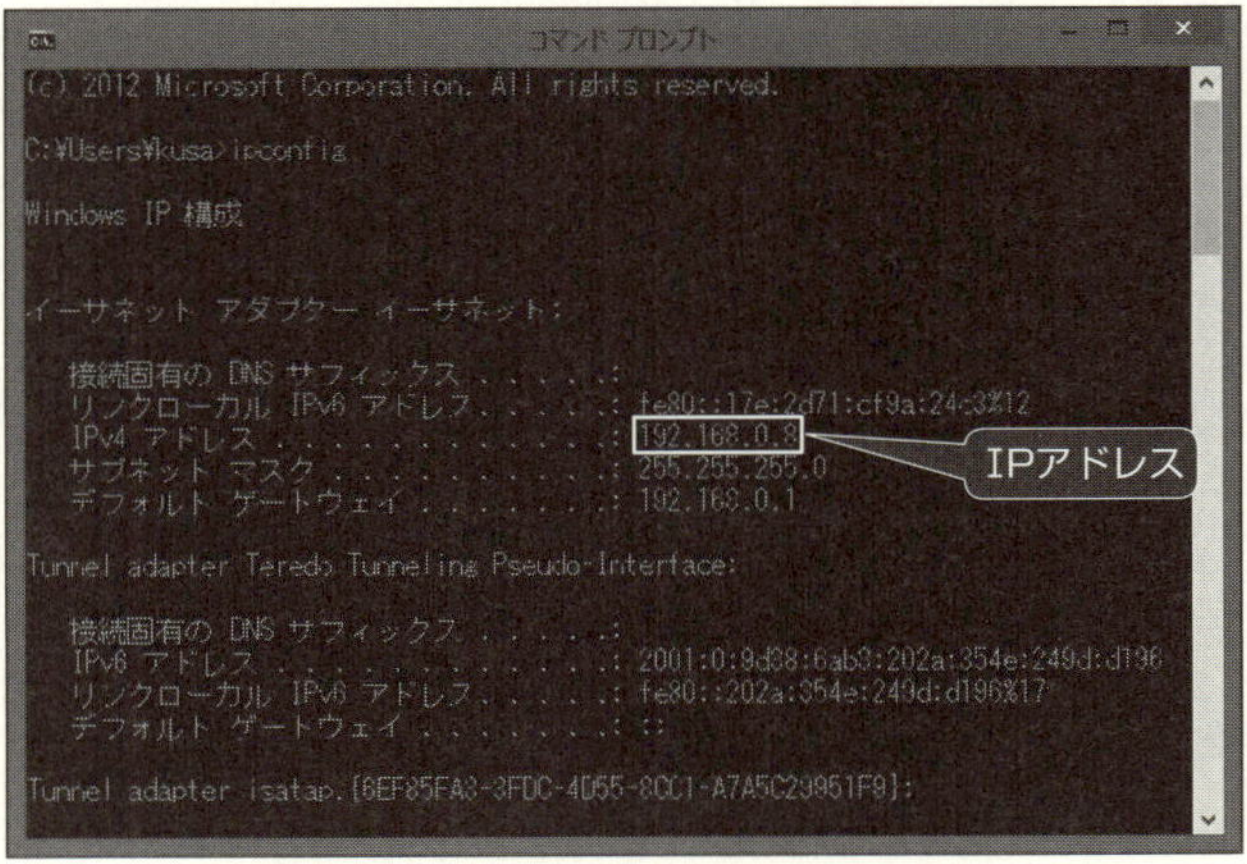

図9　「ipconfig」で表示される情報

他にもいろいろな情報が表示されますが、そのうちのいくつかは、今後、本書で説明していきます。

なお、マッキントッシュの場合は、［アプリケーション］内にある［ユーティリティ］を開いて［ターミナル］を起動します。ターミナル画面で「ifconfig」コマンドを入力するとＩＰアドレスが表示されます。

●ＩＰアドレスを読む

ＩＰアドレスは、192.168.0.8（１３４ページ図６）のように、ドット(.)で区切った数字の列で記載されます。

もっとも、コンピュータが理解するのは二種類の数字――１と０だけです。ドットまじりで表現される文字列は、コンピュータが理解する本来の形（２進数）を10進数で表記し、人間にとってわかりやすい形に直したものになっています。

したがって、これを2進数に直せば、図10のようになります。１と０の2進数で表記されたものが、あなたのマシンが通信に使う「自分の住所」です。

住所は普通、「××市△△町10－12」というように、「市町村名」と「番地」で表されますね。ＩＰアドレスも同じように、「市町村名」と「番地」に分かれています。市町村名に当た

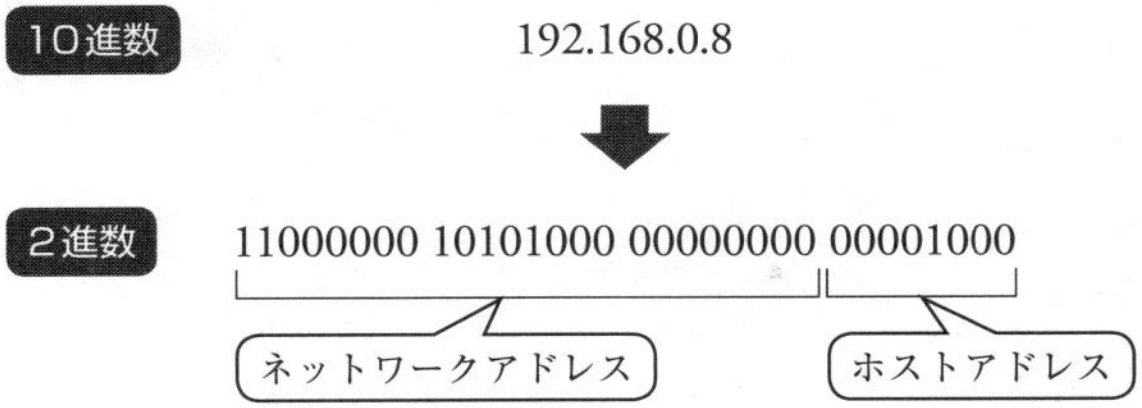

図10　10進数で表記されたIPアドレスを2進数に直す

るのは、「あなたが所属するネットワーク」です。「番地」は「あなたのマシン」を表現します。

図10の例だと、11000000 10101000 00000000までが市町村名、00001000が番地です。

インターネットはネットワーク――コンピュータがつながったもの――がさらにつながったものです（1－3節参照）。そのため、所属するネットワークを表示することで、市町村名に当たるものがわかるようになります。ＩＰアドレスのうち、市町村名に当たるものをネットワークアドレス、番地に当たるものをホストアドレスと呼びます。

●市町村名と番地を分けるサブネットマスク

ＩＰアドレスだけでは、どこまでが「市町村名」のネットワークアドレスで、どこからが「番地」のホストアドレスかはわかりません。ネットワークアドレスとホストアドレスを識別するために、別の数字の列が必要となります。これをサブネット

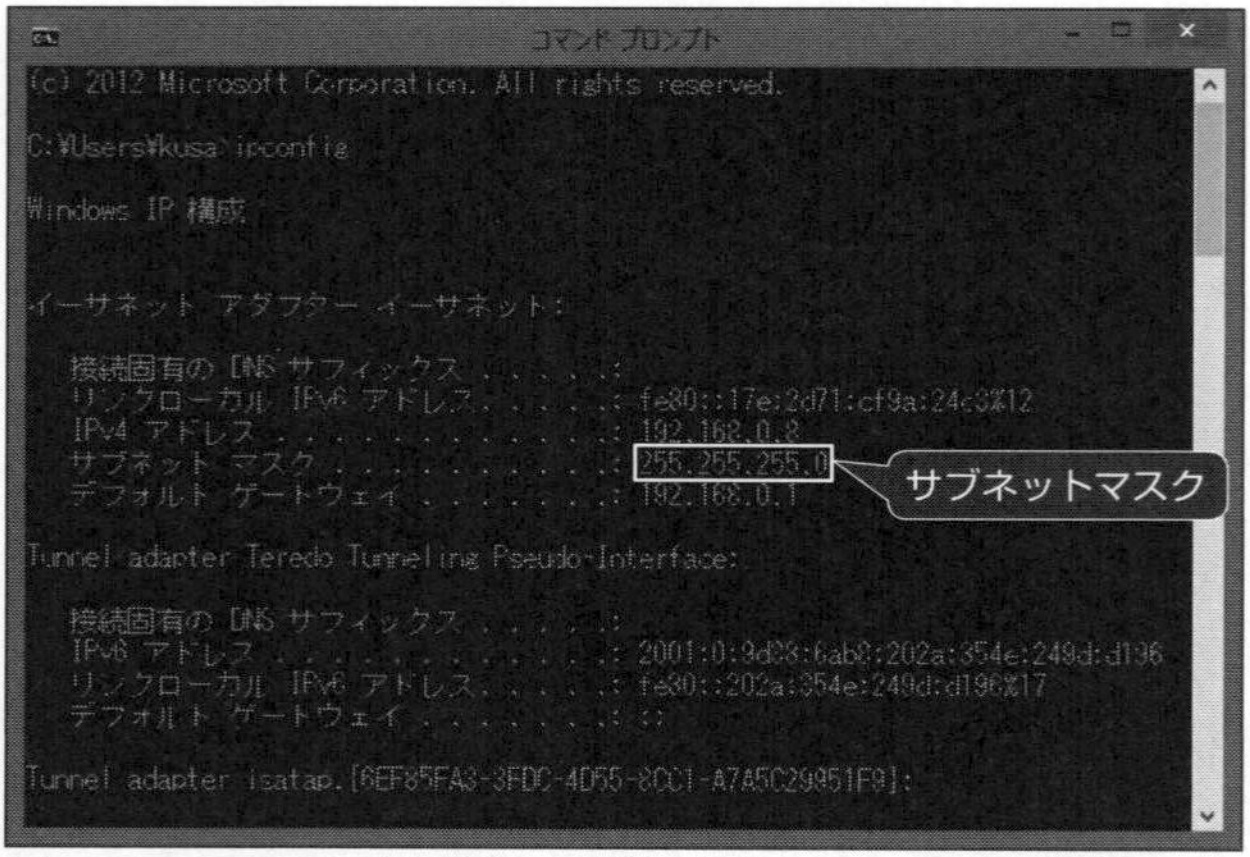

図11　IPアドレスと一緒にサブネットマスクが記載されている

マスクと呼びます。ＩＰアドレスは、必ずサブネットマスクと対《つい》になって用いられます。

サブネットマスクは、コマンドプロンプト（137ページ）の画面でも、ＩＰｖ４アドレスと一緒に表示されています（図11）。

ここであげている例のサブネットマスクは255.255.255.0で、2進数に直すと、11111111 11111111 11111111 00000000となります。

サブネットマスクは必ず1の列がずっと続き、その後ろは最後まで0のままです。この「1の列が続く範囲」がネットワークアドレス、それ以降がホストアドレスを示します。

これらを並べると、どこまでがネットワークアドレスかわかる仕組みになっています。例であげているものを並べると、図12のようになります。3ブロック目までがネットワー

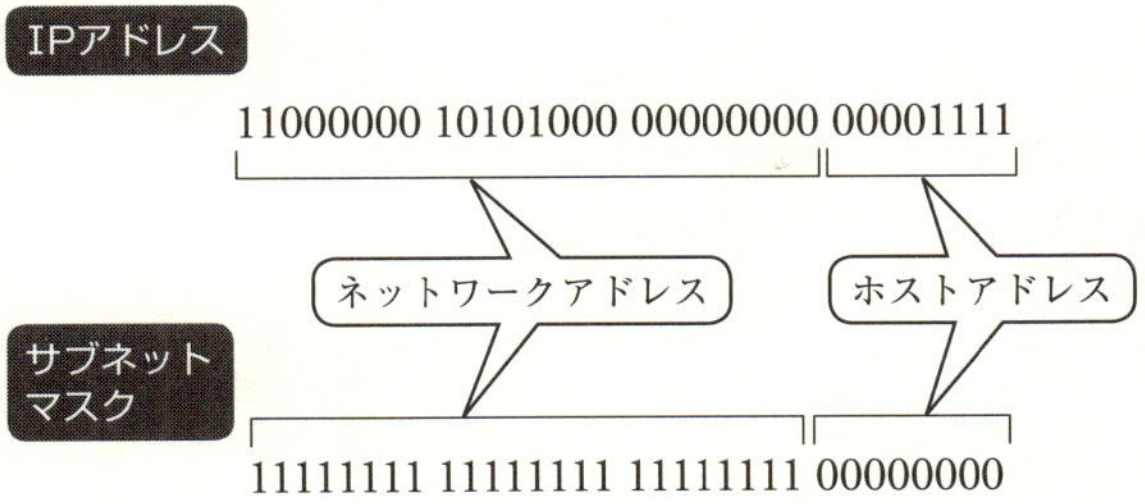

図12 IPアドレスとサブネットマスク
サブネットマスクは、IPアドレスを「所属するネットワーク」（ネットワークアドレス）と「マシンそのもの」（ホストアドレス）の二つに分ける働きをする。言わば、「市町村名」と「番地」の区別を表現するのだ。

クアドレスで、最後のブロックがホストアドレスになっているわけです。

サブネットマスクはネットワークアドレスを1の列、ホストアドレスを0の列で表すものです。したがって、先頭の1ブロック目は必ず1になってネットワークアドレスを表すようになっています。

2ブロック目以降はさまざまなパターンになります。ブロックの途中で1と0が切り替わることもあります。

当然、次ページ図13のようなものもあり得ます。これはネットワークアドレスがすごく短くて、ホストアドレスがとても長いということを示しています。ネットワークアドレスは「所属するネットワーク」を表現するものですから、ネットワークに接続しているコン

図13　ネットワークアドレスが短いサブネットマスク

ピュータの数が多いと、ネットワークアドレスは短くなり、ホストアドレスが長くなるのです。

ホストアドレスはコンピュータ一台一台にふられる番号、すなわち「番地」にあたるものです。同じ町内に家がたくさんあった場合、一つ一つの家を表す「番地」の数字は大きくなります。それと同じです。

4-3 名前でアクセスできる、人間にやさしい仕組み　〜名前解決〜

●ネット接続していれば、IPアドレスが存在する

前節で、インターネットに接続しているコンピュータにはすべてIPアドレスがある、と語りました。PCはむろんのこと、スマートフォン、タブレット、自動車の車載システム、最近ぼちぼち登場しはじめたネット家電など、インターネットに接続する機器には例外なく、必ずIPアドレスがあります。次ページ図14のように、コンピュータ同士は必ずIPアドレスを使って通信しているのです。

●IPアドレスの代わりに覚えやすい名前を用いる

もっとも、わたしたちは普段、IPアドレスを目にすることは滅多にありません。ウェブページを見るにはhttp://www.yahoo.co.jp/のようなURLを使いますし、メールを送るには×

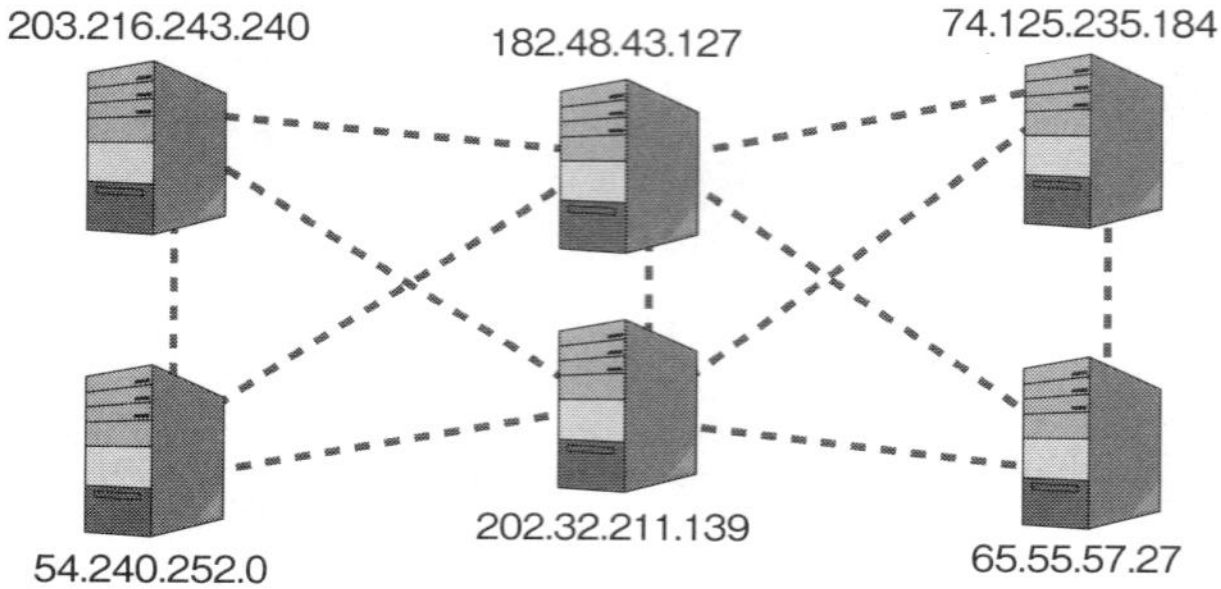

図14　インターネットに接続しているコンピュータには、必ずIPアドレスがある
通信の際には、IPアドレスを利用する。

×@gmail.comのようなメールアドレスを使います。IPアドレスを入力する機会は、まず、ないのです。

むろん、IPアドレスは「住所」ですから、これを直接入力して通信することも可能です（図15）。しかし、この方法が取られることはほとんどありません。

コンピュータはIPアドレスで通信しているにもかかわらず、人がこれを目にすることが少ないのは、IPアドレスを使わないで済む仕組みがあるからです。

203.216.243.240のような数字の列でできたIPアドレスは、コンピュータにとっては理解しやすくても、人間にとっては決してわかりやすいものではありません。数字の列は間違いが発生しやすいですし、パッと見ただけで他のアドレスと区別するのが

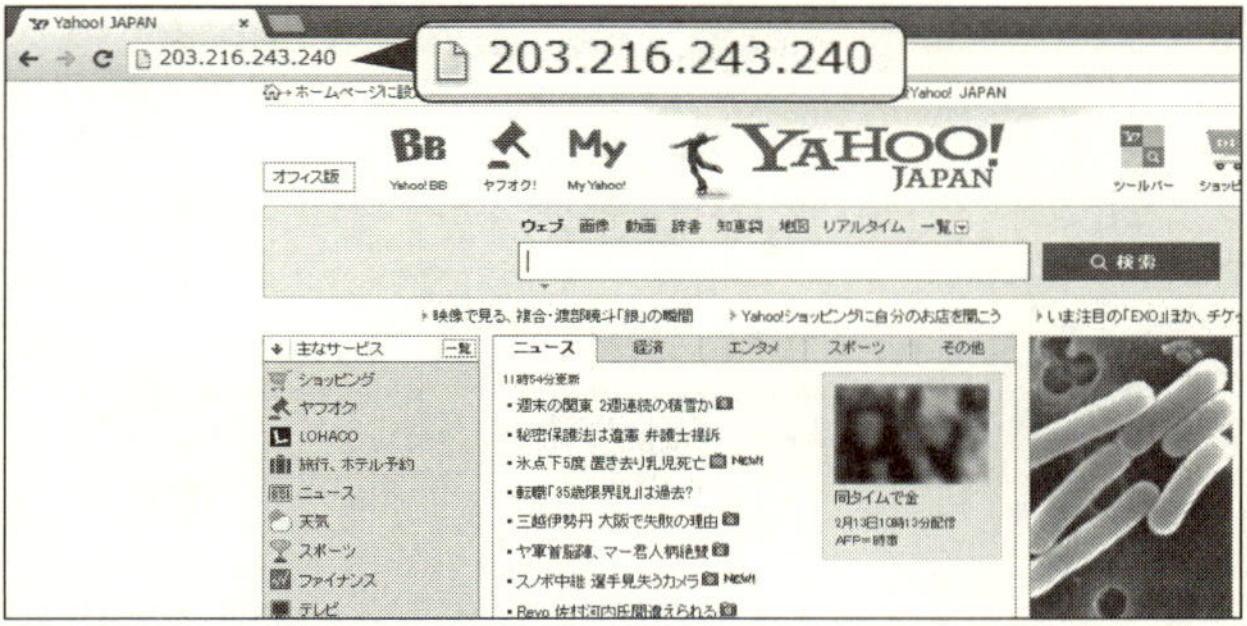

図15　ブラウザにIPアドレスを入力してYahoo!のトップページにアクセスできる
名前解決システムを使わずに通信することも可能だ。

困難です。そこで、yahoo.co.jpのような、わかりやすく、記憶しやすい「名前」でアクセスできる仕組みが作られています。

こうした仕組みを「名前解決」もしくは「DNS名前解決」と呼んでいます。DNSとはDomain Name Systemの略で、yahoo.co.jpのような名前をドメイン名と呼びます。IPアドレスではなく、人間にわかりやすい「名前」を使って通信する仕組みです（次ページ図16）。

なお、IPアドレスは特別な設定をしないかぎり一定の時間が経つと変更されるようになっています。その方がセキュリティ上望ましいというのが主な理由です。203.216.243.240はいつまでもyahoo.co.jpを表すわけではありません。

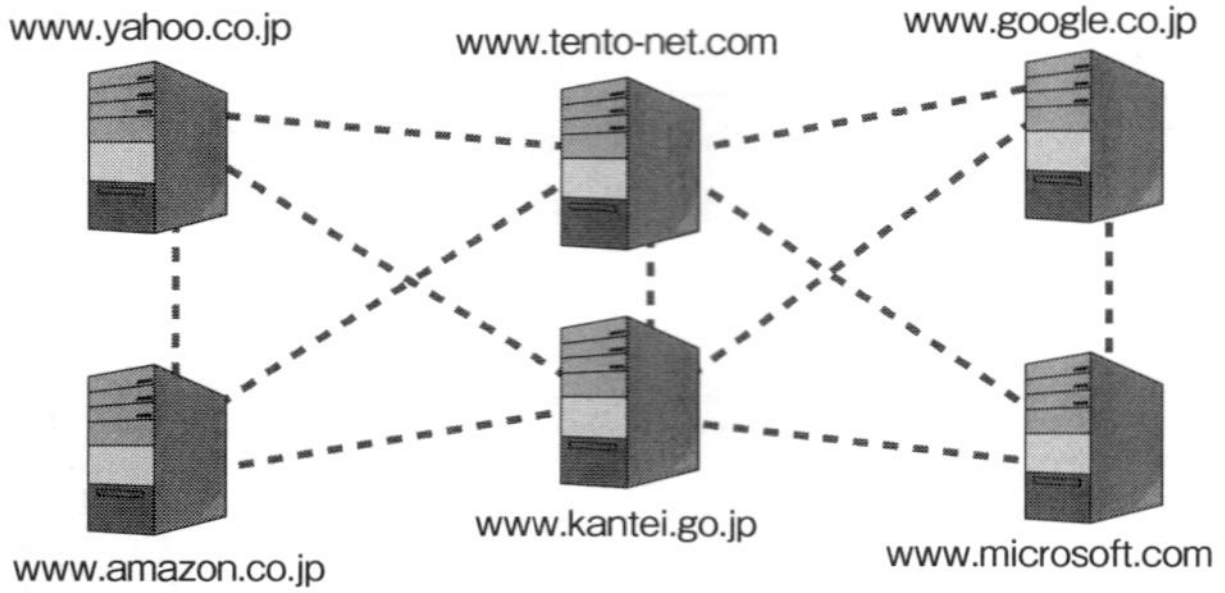

図16　人間にわかりやすい「名前」を使って通信する仕組み
IPアドレスは数字の列だから、人間には覚えにくくわかりにくい。そこで人間にわかりやすい名前(ドメイン名)をつけている。実際の通信はIPアドレスで行っている。

●「名前」で通信する仕組み

DNS名前解決の仕組みを見ていきましょう。

インターネット上には、DNSサーバと呼ばれるサーバマシンがたくさんあります。DNSサーバは、ちょうど電話帳のような役割を果たしています。電話帳はお店や会社、個人の名前がずらっと並んでいて、それに対応する電話番号が記載されていますよね。

DNSサーバの役割も同じです。「yahoo.co.jpのIPアドレスは203.216.243.240である」というように、「ドメイン名」と「IPアドレス」の対応表を持っていて、問い合わせると教えてくれる仕組みになっています。前ページ図15のように、直接IPアドレスを用いないかぎり、コンピュータは通信の際、必ずDNSサーバに問い合わせをします。つまり、「名前解決」という人間が利用しやすい仕組みを提供するために、「通信の際はDNSサーバに問い合わせる」という手間をかけているわけです。

DNSサーバへの問い合わせにはリゾルバ(resolver／解決する人の意)と呼ばれるソフトウェアを使います。ブラウザにURLを入力したり、リンクをクリックしたりすると、リゾルバがDNSサーバに問い合わせ、IPアドレスを知らせてくれるようになっているのです。リゾルバは通常、OSの機能として提供されています。

大きな会社なら、自社のネットワークの中にDNSサーバを持っています。個人ユーザの場合は、契約しているインターネット・サービス・プロバイダ（Yahoo!、Nifty、Biglobe、So-netなど）にあるDNSサーバが、この役目を果たします。

●なんでも知ってるわけじゃない

DNSサーバはドメイン名とIPアドレスの対応表を持っているのですが、その対応表は決して完全なものではありません。DNSサーバは、すべてのドメイン名を「知っている」わけではないのです。

世の中には非常に多くのドメイン名があり、今、この瞬間にも、ドメイン名は増え続けています。たとえば、新しい会社ができたとき、その会社はウェブサイトを立ち上げます。そうした場合、新たにドメイン名が取得されることがとても多いのです。

こうした新しいドメイン名に関するデータを、すべてのDNSサーバが持っているわけではありません。yahoo.co.jpのような有名なドメイン名なら、日本のDNSサーバはたいがい持っているでしょうが、新しい会社の新しいドメイン名は持っていないのが普通です。また、海外のドメイン名も、あまり知らないはずです。

こうした「未知のドメイン名」の問い合わせがきた場合、自分の中にデータを持っていないDNSサーバは、自らリゾルバを使って他のDNSサーバに問い合わせを行います。ドメイン名がドット(.)で区切られているのは、このときに役立つためです。

ここでは仮に、yahoo.co.jpのIPアドレスがわからない場合を例に説明していきましょう。

まず、リゾルバは、あなたが普段使っているDNSサーバへ「yahoo.co.jpのIPアドレスは?」とyahoo.co.jpのIPアドレスを要求します(図17の①)。

自分がIPアドレスを保持していない未知のドメイン名にでくわすと、DNSサーバはルートサーバに聞きにいきます。ルートサーバとは、すべてのDNSサーバを統括する基幹サーバ――DNSサーバの親分みたいなものです。ここに、あなたが普段使っているDNSサーバが「yahoo.co.jpのIPアドレスは?」とたずねます(図17の②)。

するとルートサーバは、「jp」を管理するDNSサーバを紹介します。リゾルバは「jp」を

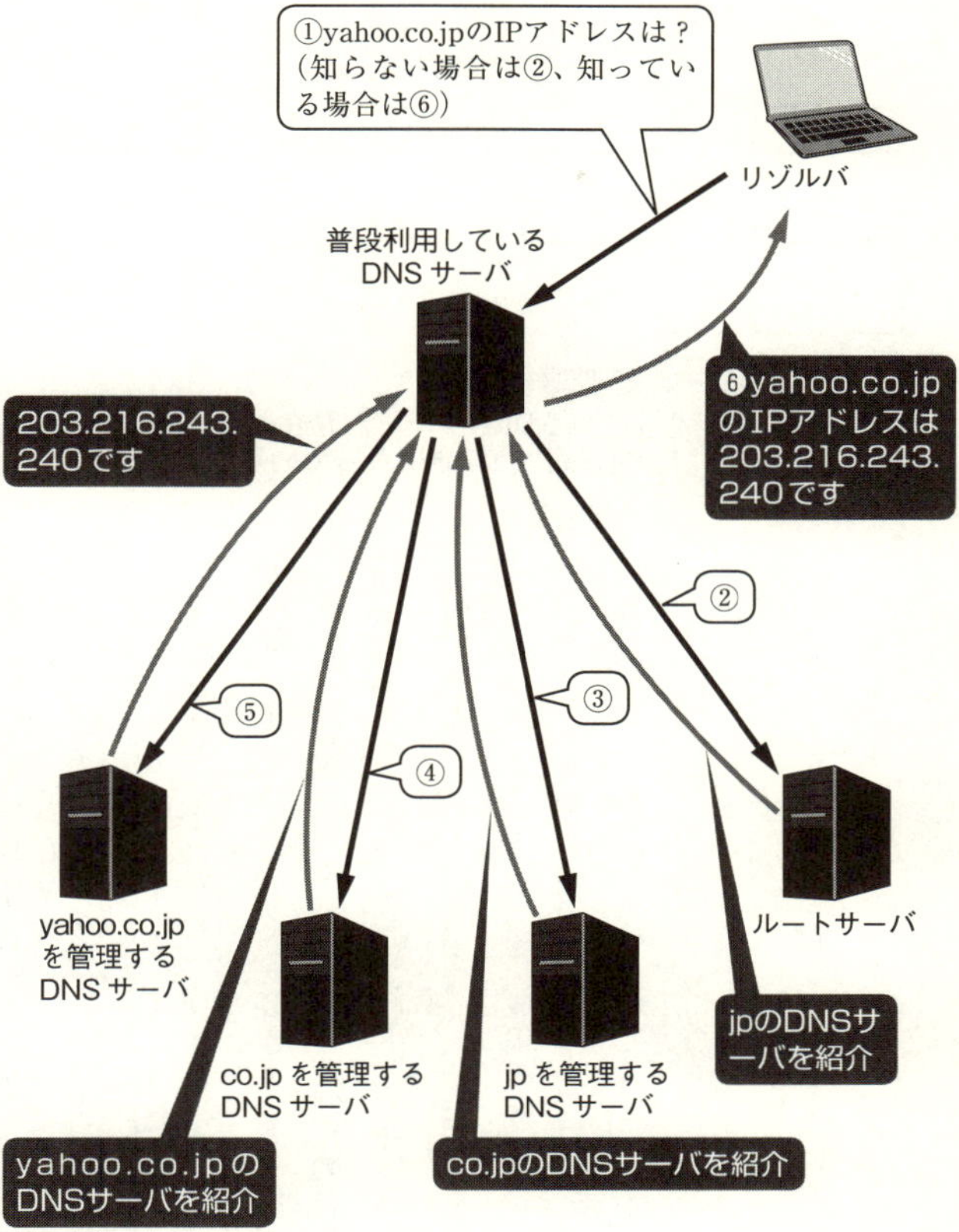

図17　名前解決のしくみ
普段利用しているDNSサーバがドメイン名とIPアドレスの対応を知っている場合は⑥を。知らない場合は②〜⑤の手続きを経ることによってIPアドレスを得る。

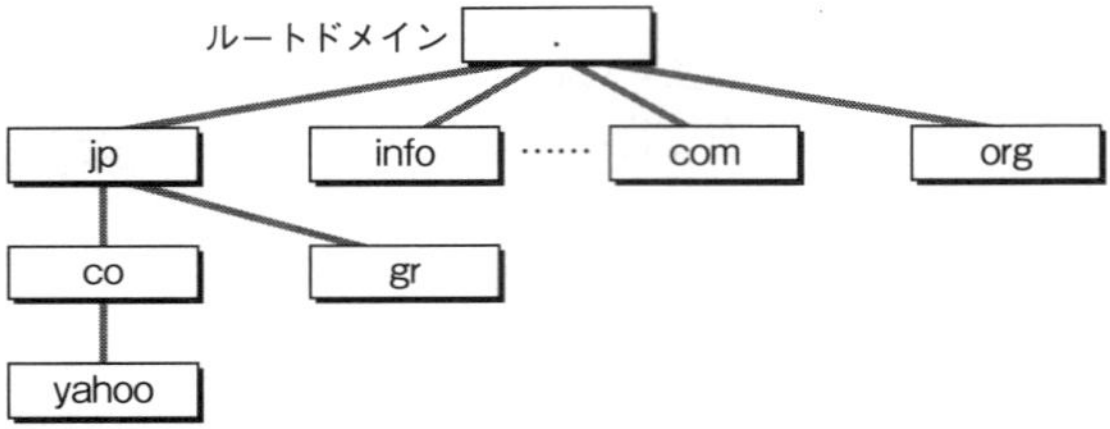

図18　DNSサーバの階層構造
ドメイン名には必ず管理するDNSサーバが存在する。図のように階層構造を作ることで、名前解決が可能になっている。

管理するDNSサーバに同じ質問「yahoo.co.jpのIPアドレスは？」を発します（前ページ図17の③）。jpのサーバは、「co.jp」のDNSサーバを紹介します。リゾルバは「co.jp」のDNSサーバに「yahoo.co.jpのIPアドレスは？」を発します（図17の④）。co.jpのDNSサーバはyahoo.co.jpのDNSサーバを知っていますから、それを紹介します。そしてリゾルバはyahoo.co.jpのDNSサーバに「yahoo.co.jpのIPアドレスは？」を発します（図17の⑤）。

こうしてあなたのDNSサーバは晴れてyahoo.co.jpのIPアドレスを知ることができます。問い合わせされたyahoo.co.jpのIPアドレスを得られるわけです（図17の⑥）。

ドメイン名は階層を表しています。リゾルバがIPアドレスを探す場合、ドメイン名の右側、階層の上位からたどっていくのです。

yahoo.co.jpのjpは日本を表し、coは会社を表します。ドメインには.com、.org、.net、.tv、.info、.bizなどたくさんの種類がありますが、いずれもそれぞれのドメインを管理するDNSサーバが存在しています。ドメインはさまざまな国や組織によって分散して管理されています（図18）。

●ドメイン名の取得

ＩＰアドレスとは異なり、ドメイン名は人間が自由に設定するものです。とは言え、同じものが絶対に存在しないという点では、ＩＰアドレスと変わりません。ＩＰアドレスは固定／変動いずれの設定をすることも可能なので、時間によって変化することも多いのですが、ドメイン名は決して変わりません。

自分でウェブページを開設し、オリジナルなドメイン名を持つ場合、ドメイン取得業者に頼むのが普通です（次ページ図19）。これらの業者のウェブサイトは、たいがい自分が取得したいドメインがすでに使われているかどうか、調べる機構を持っています。

ウェブサイトは、会社にとっては一つの「顔」となるものです。そこに付けられた名前（ドメイン名）が会社と無関係なのは、会社にとって嬉しいことではありません。企業ならやはり社名やサービス、商品の名前を付けたいでしょうが、使いたい名前がすでに使われている、と

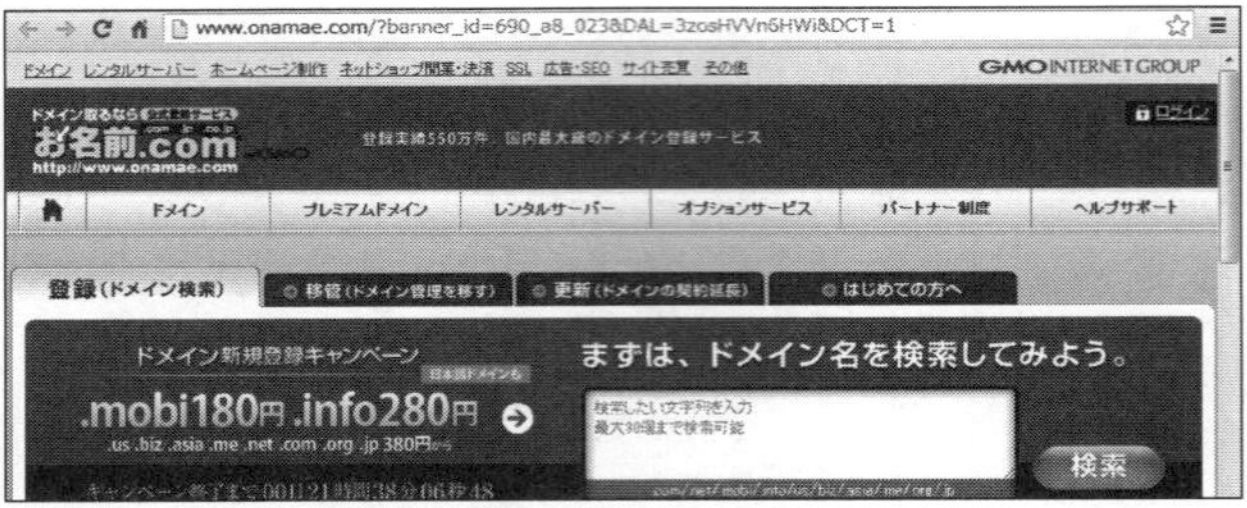

図19　ドメイン取得業者のウェブページ
ドメイン名を取得する場合は、ドメイン取得業者のウェブサイトを利用するのが一般的だ。こうしたサイトは、希望のドメイン名がすでに取得されているかどうかを調べる機構を持っている。

いうことも往々にしてあるのです。現実にウェブサイトなどが存在していなくても、ドメイン名だけ誰かが保持している、というケースもあります。その場合も使うことができません。

現在、この瞬間も新しいサイトが立ち上げられ、新しいドメイン名が作られています。また、「.green」や「.love」、「.site」など、２０１３年から使用が開始された新しいドメインもあります。この場合は、新しいドメインに対応するＤＮＳサーバが新たに作られているのです。

COLUMN

多くの人が欲しがるドメイン名

どんなに有名な企業であっても、社名を表すドメイン名が既に取得されていた場合、それを使うことはできません。この場合、ドメイン名が取引の対象になることも多いようです。中には、高額で取り引きされるドメイン名も存在します。

たとえば「business.com」は、多くの人が欲しがるのはよくわかりますね。これは、1999年末に750万ドルで取り引きされました。しばらくはこれが最高額だったのですが、現在は2010年の「sex.com」の1300万ドル（約10億円）が最高になっています。これはギネスブックにも登録されています。

覚えやすくわかりやすいドメイン名は、多くの人に記憶される商標となるばかりでなく、多数のアクセスも期待できる。それゆえ、値が張るものなのです。

4-4 枯渇するＩＰアドレスとその対応

●不足するＩＰアドレス

ＩＰアドレスは、32ビット（32個の1か0の組み合わせ）で表示され、全部で約43億種類あります。43億はずいぶん大きい数ですけれど、ちょっと心もとない数字だな、という気がしませんか？

全世界のインターネットのユーザ数は２０１３年には27億人を超えています。また、マルチ・デバイス化が進んだために、個人がスマートフォンとＰＣを同時に使ってネット接続する、というような事例も増えてきました。この場合、単純に考えれば一人あたり2個のＩＰアドレスを使用することになります。誰もがこのパターンで接続すれば、43億のＩＰアドレスはあっという間に使い尽くされてしまうでしょう（図20）。

有限のＩＰアドレスを効率よく使用し、すべてのマシンにネット接続を提供するような仕組

00000000 00000000 00000000 00000000

11111111 11111111 11111111 11111111

図20　IPアドレスは約43億種類

32個の1と0の組み合わせで得られるIPアドレスは約43億。つまり、43億のマシンがネットに同時接続できるポテンシャルを持っていることになるが、この数字は小さくないだろうか？　ネット・ユーザ数だけで27億人以上も（2013年の時点）いるのだ。

みがあります。先ほどＩＰアドレスは唯一無二である、と語りましたが、重複してもいいＩＰアドレスが存在するのです。この「重複」をうまく利用することによって、有限のＩＰアドレスを活用する仕組みについて紹介します。

●ＩＰの仮面舞踏会

１－３節で述べたように、家庭でパソコンを利用するときには、多くの場合はブロードバンド・ルータ（ルータ）やＡＤＳＬモデムといった機器に接続します（30～31ページ）。

この際、ルータはインターネットに接続するための「門」の役割を果たしています。すべてのデータは「門」をくぐり抜けることでやって来て、こちらから送るデータも、やはり「門」を通ることでインターネットに出かけていくのです。

この場合、ルータは二つのＩＰアドレスを持ちます。プライベートＩＰアドレスとグローバルＩＰアドレスです。

プライベートＩＰアドレスは、家庭内・企業内など、「門」の内側のみで通用するＩＰアドレスです。

所属するネットワークが異なれば重複してもいいことになっており、「10.0.0.0～10.255.255.255」「172.16.0.0～172.31.255.255」「192.168.0.0～192.168.255.255」の範囲が割り当てられています。

１３７ページで見たように、「コマンドプロンプト」を使用してipconfigすると、自分のマシンに付けられたＩＰアドレスを知ることができます。多くの場合、ＩＰｖ４アドレス（自分が使用しているＩＰアドレス）として表示されるのはプライベートＩＰアドレスです。「門」の役割を果たすルータは、「デフォルト・ゲートウェイ」として表示されます。Default Gateway、まさに「門」です。

ルータ自身は、家庭内・企業内のローカル・ネットワークに所属する1台のマシンとしてふるまいながら、同時にインターネットに接続するためのＩＰアドレス――世界に一つだけ、唯一無二のアドレスも持っています。これがグローバルＩＰアドレスです。

現在、多くのネットワークはこのように、グローバルＩＰアドレスを持つ限られた数の

れています。

次ページの図21は、一般家庭でよくあるネットワークのグローバルIPアドレスとプライベートIPアドレスの例です。グローバルIPアドレスは、インターネットの「門」であるルータが持ち、ルータに接続した各マシンがプライベートIPアドレスを持っています。

一つのグローバルなIPアドレスを複数のコンピュータで共有する——こうした技術をIPマスカレードと呼びます。あたかもそのマシンが直接ネットに接続しているように見えながら、実際は「門」の役目をしているルータが接続している。その状態を「仮面を被っている状態」に見立て、IPのマスカレード、すなわち仮面舞踏会と呼んでいるのです。洒落たネーミングですよね。この仕組みを利用することで、限られた数しかないIPアドレスを効率よく使えるようになっています。

●新しいIPアドレス「IPv6」

IPアドレスを32ビットで表そう、と決まったのは80年代のことです。この頃は、インターネットに接続する人がこんなに多くなるとは誰も思っていませんでしたから、43億もあれば十

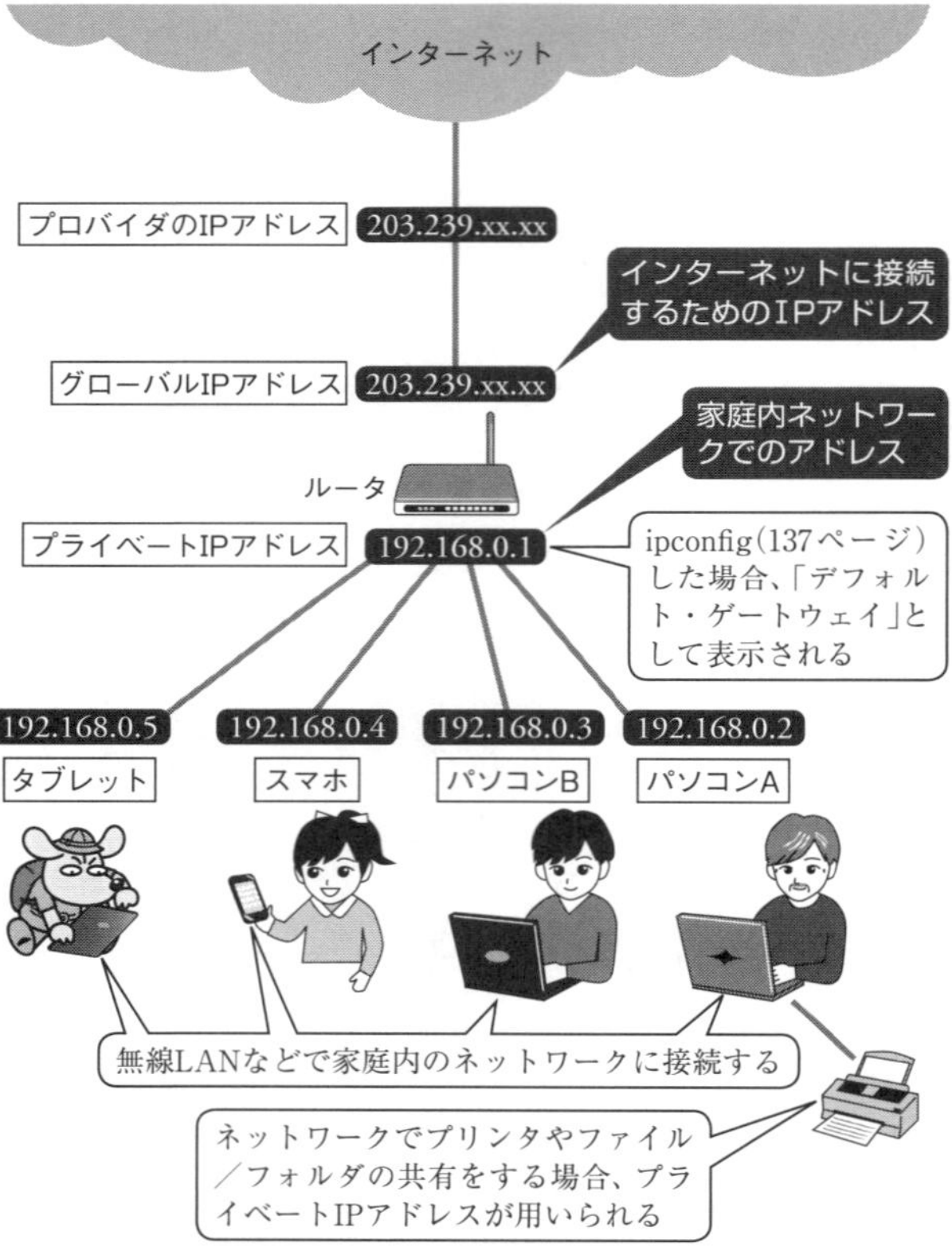

図21　家庭内ネットワークのIPアドレス例
一般的な家庭の場合、インターネットの「門」にあたるルータ(グローバルIPアドレスを持つ)は一つしかない。各マシンにはプライベートIPアドレスが割り当てられ、ルータを中心としたネットワークを形成している。

分だろう、ということで32ビットに決まりました。当時のマシンパワーの問題もあって、十分すぎる数字だと考えられていたのです。

その後、インターネットに接続するマシンはうなぎのぼりに増え、枯渇を防ぐためにＩＰマスカレードが一般化しましたが、それでもＩＰアドレスはいずれ足りなくなると考えられています。

そこで、新しいＩＰアドレス——ＩＰｖ６アドレスが考案されました（これまでふれてきたＩＰアドレスはＩＰｖ４です）。こちらは32ビットとケチケチしたことは言わず、１２８ビット使用して記述されます。得られるアドレスの数はなんと約３４０澗《かん》です！　澗なんて単位は聞いたことがないかもしれませんが、10進数で37桁の数字が並びます。１兆は13桁ですから、「澗」がいかに大きな数字かわかりますね。これならしばらくは枯渇の心配はありません。

２０１４年現在、ＩＰアドレスはＩＰｖ４からＩＰｖ６へと徐々に移行中です。一部のプロバイダは実験的にＩＰｖ６で接続するサービスを展開しています。しかしＩＰｖ４とＩＰｖ６は互換性がありません。ＩＰｖ４で表記されたＩＰアドレス宛のデータは、ＩＰｖ６に移行すると届かなくなってしまう可能性があります。完全に移行するにはまだまだ時間がかかるでしょう。

COLUMN

使用しているグローバルＩＰアドレスを知る

自分のマシンがどんなＩＰアドレスでネット接続しているかを知らせてくれるウェブサイトがいくつかあります。たとえば「確認くん」(http://www.ugtop.com/spill.shtml) では、あなたが使用しているグローバルＩＰアドレスを表示できます。

こうしたサイトでは、ＩＰアドレス以外にも、ホスト名やブラウザなどといった情報が表示されます。ウェブへのアクセスを成立させるのに、どれだけの情報が必要なのか確認してみたい方は、調べてみるとよいでしょう。

4-5 ルーティング ～パケットが運ばれる仕組み～

●ネットワークをたどるデータ

わたしたちは海外に住んでいる友達が送ったメールを受け取ることができます。これは、実際に海の向こうにいる友達から発信されたものであり、メールのデータは確かに海を越え、長い旅を経てあなたのマシンに届いているのです。

ウェブページを閲覧する場合も同様です。わたしたちは海外のウェブサイトをいつでも見ることができますが、これはわたしたちのマシンと海外にあるウェブサーバがデータのやり取りをしているからです。

これらのデータはどうやって届けられるのでしょうか。その仕組みを、これまでに学んだことをおさらいしつつ説明していくことにしましょう。説明の例として、アメリカにあるホワイトハウスのウェブサイトを閲覧する場合を考えていきます。

●データのやり取りの実際

ホワイトハウスのサイトを構成するページのデータを備えたウェブサーバは、当然のことながらアメリカにあります。わたしたちは、アメリカにあるサーバとデータのやり取りをすることになるわけです。

ウェブページを見るためには、ブラウザの入力欄にＵＲＬを入力するか、リンクをクリックします。これは、これまで何度か説明したように、ウェブページのデータを持っているウェブサーバに「データを送れ！」というリクエストを送ることを意味しています。

あなたのリクエストは、まずインターネットへの「門」——家庭内のネットワークのルータに届きます。ルータはあなたからのリクエストを、まるで自分のリクエストであるかのように扱い、データを送信することになります。

まずしなければならないことは、ＵＲＬをＩＰアドレスに変換する作業です。あなたの家のルータは、ＤＮＳサーバに接続し、宛先のＩＰアドレスを獲得します。ここであげる例では宛先が海外になっていますから、普段利用しているＤＮＳサーバはＩＰアドレスを持っておらず、少々面倒な手続きを踏んでいるかもしれません（１４７〜１５１ページ参照）。

こうしてホワイトハウスのＩＰアドレスを得たあなたのルータは、あなたからのリクエストを宛先に向かって発信することになります。

あなたの家庭のルータは、まずデータを自分が所属するもっと大きなネットワークのルータに送るでしょう。個人の場合、「大きなネットワーク」とは、インターネットプロバイダ（ＩＳＰ。32ページ参照）のネットワークであることが普通です。

データを受け取ったプロバイダのルータは、「ホワイトハウスのウェブサーバがある方向」に向かってデータを送ります。それを受け取ったルータも、同じことをします。ネット上のデータは、このようにルータをいくつも経由して、目的地に届けられます（図22）。

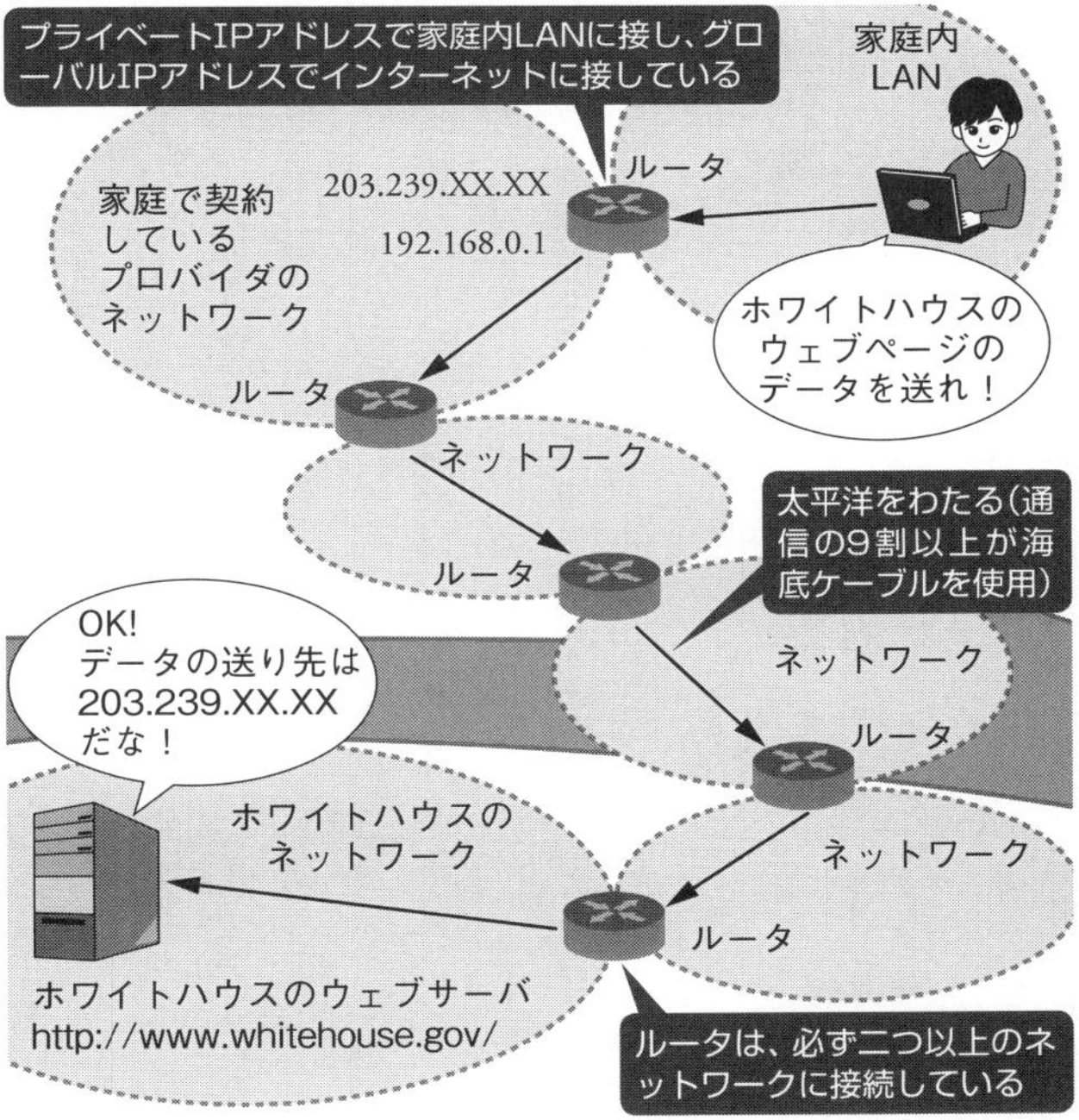
プライベートIPアドレスで家庭内LANに接し、グローバルIPアドレスでインターネットに接している
家庭内LAN
ルータ
203.239.XX.XX
192.168.0.1
家庭で契約しているプロバイダのネットワーク
ホワイトハウスのウェブページのデータを送れ！
ルータ
ネットワーク
太平洋をわたる(通信の9割以上が海底ケーブルを使用)
ルータ
OK!
データの送り先は203.239.XX.XXだな！
ネットワーク
ルータ
ホワイトハウスのネットワーク
ネットワーク
ルータ
ホワイトハウスのウェブサーバ
http://www.whitehouse.gov/
ルータは、必ず二つ以上のネットワークに接続している

図22　リクエストがウェブサーバに届くまで(データは幾多のルータを経由していく)

家庭内LANとインターネットをつなぐルータは、データの送り先がどこかは知らない。データ転送中にいくつか経由するルータが、うまいことやってくれることを期待して、データを送り出しているだけ。

ウェブ上のルータは、データに記載された「ホワイトハウスのウェブサーバ」という行き先(IPアドレスで記述されている)を見て、「多分こっちのほうだろう」とデータを送る。それを続けているうちに、宛先を知っているルータを見つけ、無事、データはホワイトハウスのウェブサーバに送られる。インターネットは、言わばデータをたらい回しにすることで成り立っている。

●ルータの仕事とは？

ルータがデータを次のルータへと渡す様子は、よくバケツリレーにたとえられます。バケツリレーは、水が入ったバケツを次の人に順々に渡していくことで成り立ちます。この作業を経ることによって、バケツは目的の場所に近づいていきます。

バケツリレーの特徴は、バケツを渡す人は目的の場所を知らなくてもいいことです。ただ、右から来たバケツを左に渡せばいい。そうしているうちに、いつかバケツは目的地に届きます。

インターネット上にあるルータの役割もこれとよく似ています。多くの場合、ルータはデータに記載されたＩＰアドレスの正確な場所を知りません。むろん、知っていればそちらに渡しますが、知らないことも多いのです。その場合、「宛先を知っていそうなルータ」がある方向にデータを投げることになります。

ルータは必ず、「ルーティングテーブル」と呼ばれる経路情報を持っています。すなわち、「ＩＰアドレス72.246.188.XXならば、こっちに渡せば届く」というような情報をデータとして持っているのです。

あなたの家にあるルータは、そんなにたくさんの経路情報を持っていないでしょう。しかし、ネットワークが大きくなればなるほど、ルータが備える経路情報は多くなる傾向があります。やってきたデータの宛先がわからない場合、ルータはそちらに向けてデータを流すのです。

●経路情報は伝えられる

どんなに遠くにあるマシンでも、ルータを10個も経由すれば、通信が確立されると言われています。地球の裏側にあるマシンであっても、せいぜいこの数だ、ということでしょう。

ルータ同士は頻繁に通信しあい、ルーティングテーブルを更新しています。どこにデータを送れば最短距離でデータが送られるか、という情報を交換しあっているのです。

インターネットでの「距離」とは、目的地（サーバなどがある場所）への物理的な距離ではありません。経由するルータの「数」です。ルータはいつでも、できるかぎり少ない数のルータを経ることでデータが届くように、ルーティングテーブルを更新します。

新しいネットワークがインターネットに接続されれば、その情報も共有されます。ルータ同士が情報共有することによって、今インターネットに所属したばかりのネットワークも、きちんと通信ができるわけです。

通信途中のネットワークになにかしら事故があれば、経路は寸断されてうまく通信ができな

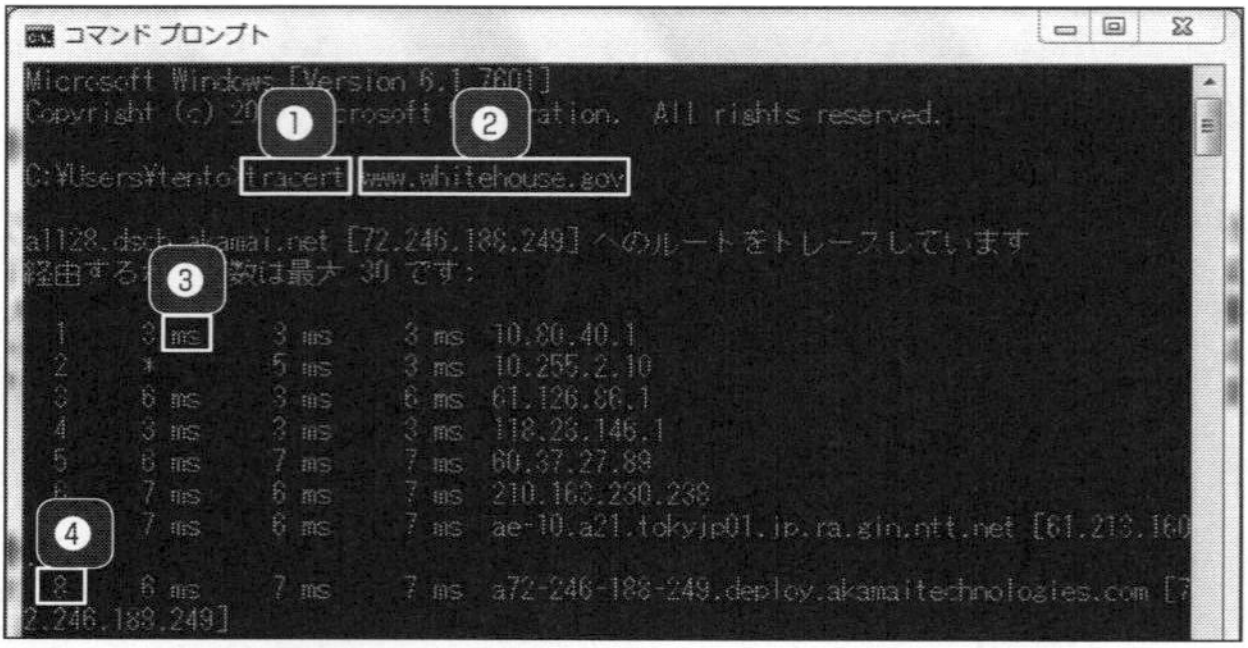

図23　経路情報は調べられる

いったいいくつのルータを経るのか。そのルータのIPアドレスは何番なのかを「コマンドプロンプト」(137ページ)でtracertコマンドを入力して表示した状態。この例では、www.whitehouse.govに至る経路情報を表示している。7個のルータを経て、8個目がホワイトハウスのウェブサーバである。

なお、IPアドレスは固定しないかぎりは変更されるため、次にアクセスしたときホワイトハウスのウェブサーバがこのアドレスであるとはかぎらない。

①経路情報を調べるtracertコマンド
②ホワイトハウスのウェブサイトのドメイン
③msはミリ秒。通信時間を表す
④8個目でホワイトハウスのウェブサーバ72.246.188.249に到着

くなります。「事故」は数秒～数分の短いエラーのこともありますし、数時間以上にわたる場合もあるでしょう。

　ルータはそのいずれにも対応しています。通信を試みてうまくいかないと、ルータは一定時間待ちます。一時的なエラーの場合の対処です。ある程度待ち、復旧に時間がかかりそうだと判断すると、ルータは「この経路は使えない！」というアナウンスを行います。こうした情報も共有されているのです。

インターネットはルータ同士の情報共有によって、ネット上の「事故」に機敏に対応する仕組みを備えています。

なお、経路情報は「コマンドプロンプト」（137ページ）で「tracert」というコマンドを入力することで、すべて表示することができます（図23）。

COLUMN

インターネットからYouTubeが消えた！

ルータの「事故」に対応する仕組みが、かえって大きな事故を引き起こすこともあります。

2008年、約40分間YouTubeが見られなくなる、という事故が発生しました。これは、YouTubeが所属するネットワークへの「経路」が失われてしまったために起こりました。

原因は、イスラム教の預言者マホメットの風刺動画がYouTubeに掲載されているのを知ったパキスタン政府が、国内のYouTubeアクセスを遮断し、政府が用意した「ニセのYouTube」へと経路変更したことでした。本来ならばパキスタン国内のアクセスだけに適用されるはずのこの措置が、運用ミスによって世界中に伝わってしまい、世界のすべてのYou

Ｔｕｂｅアクセスがパキスタンのニセ ＹｏｕＴｕｂｅに集まってしまいました。ルータが「情報共有」することで、正しいＹｏｕＴｕｂｅへの経路が失われてしまったのです。

●ぐるぐる回ったら捨てる

ルーティングテーブルに記載された情報が、常に正しいとは限りません。「経路」そのものが誤っていて、円滑な通信が行えない場合もあります。同じ所をぐるぐる回って、永遠に宛先に届かないデータも出てきてしまうのです。

こうしたデータがいつまでも回線内にあると邪魔です。数が増えていけば通信混雑の原因になります。

このような事態に備えて、ぐるぐる回っているデータは消去されるようになっています。消去する目安となるのは、「ルータをいくつ経由したか」です。通常は10個のルータを経由すれば世界のどこにでも届くので、数十個も経由していたら明らかにおかしいということになります。

通信文は必ず「いくつルータを経由するか」を定めた数字を持っています。これは、ＴＴＬ（Time to Live）と呼び、直訳すると「生存時間」です。ルータを経るごとにこの数字を減らしていって、0になったら消去する仕組みです。インターネットを行き来するデータは、必ずTTLを持っています。

4-6 送ったデータを利用するために

●「一生懸命やるからごめんね」なプロトコル

前節まで、IP（Internet Protocol）というプロトコルについて見ました。IPは、データを宛先に送り届けるためのプロトコルです。

IPアドレスという宛先を付けてネット上に送り出されたデータは、ネット上に散在するルータに記された「経路情報」に従い、ネットワークをいくつも経ることで徐々に宛先に近づいていき、やがて宛先に届きます。これらの動きは、すべてIPによって形作られているのです。

しかし、通信はIPだけでは成立しません。IPは「ベストエフォート型」と呼ばれるプロトコルです。ベストエフォートとは、「最善を尽くします」という意味です。最善を尽くしてくれるのは大変結構な話なのですが、ここにはいささか心もとない意味も含まれています。「ベストを尽くすけど、ダメだったら許してね」という意味が隠れているのです。

ＩＰはパケットを送りますが、それがちゃんと送れているかどうか、チェックする機能を持っていません。何かがうまくいかなかったらそれでおしまいです。パケットは破損することも紛失することもありますが、その際のケアは一切ありません。

また、パケットに分割して送信する以上、あるパケットは即座に届き、別のパケットは翌日になっても届かない、といったこともままあります。そんな場合もＩＰは関知しません。送ったら送りっぱなしなのが〝ＩＰ〟というプロトコルです。

●確実に届けるためのプロトコル

「最善を尽くします」と言うだけで信頼性は保証してくれないＩＰと一緒に使われるプロトコルに、ＴＣＰ（Transmission Control Protocol）があります。ＴＣＰは、通信データをチェックし、アプリケーション（ブラウザやメーラなど）に確実に届けるためのプロトコルです（図24）。

データはたとえ1ビット（0または1）が欠けただけでも、まともに見ることができなくな

「信頼性」重視
TCP
チェックしました！
壊れた分の再送信よろしく！
パケット
パケット
パケット

TCP……データをアプリケーションに渡す前にチェックする。届いていないデータ、壊れたデータは再送信を依頼する。

図24　確実に届けるためのプロトコル

る可能性があります。したがって、データを通信する場合には、ちゃんと届けられているか、チェックするための機構が絶対に必要です。チェックした上で不具合があれば、それを送信元に伝え、再送信してもらう手配をしなければなりません。

また、パケットに分割されたデータは、元のデータに組み立てるための番号を付与されて送信されます。番号順に届けば問題はないのですが、通信回線の状態によっては、１・２・３・４・５の順番で送ったデータが、１・５・３・２・４の順に到着することもあります。この場合は、番号順に並べ替えなければ組み立てることができません。これらはすべて、ＴＣＰの役割です。

よく、インターネットのことを「ＴＣＰ／ＩＰネットワーク」と呼ぶのですが、それはウェブページの閲覧にしてもメールのやり取りにしても、「ＩＰでデータを送りＴＣＰでチェックする」という手順を踏むためです。

UDP……データをアプリケーションに渡す仲介だけをする。

図25　とにかく早く！　のプロトコル

●とにかく早く！　のプロトコル

ＴＣＰとＩＰはセットで用いられます。しかし、どんな場合にも必ずＴＣＰが用いられるわけではありません。

データに抜け落ちや破損があった場合に再送信を求めるＴＣＰは、通信そのものに時間がかかる、という特性があります。逆に言えば、時間は多少かかっても、「信頼性」を優先し、データを確実に届けるために存在するプロトコルがＴＣＰです。

インターネットの通信には「データがきちんと届いたか」よりも、「とにかく早く届ける」ことが重要なケースもあります。たとえば、動画のリアルタイム配信です。

どこかで行われているイベントやスポーツの試合などを撮影し、映像としてリアルタイムに配信する場合、ＴＣＰは適切なプロトコルではありません。通信にエラーがないか確認し、エラーがあったら再送信を求め、データがすべて揃ってから表示……などとやっていると、リアルタイムの通信は成り立たなくなってしまうからです。

そのようなときには、ＴＣＰではなく、ＵＤＰ（User Datagram Protocol）というプロトコルが使われます。ＵＤＰは、エラーがあっても再送信を要求せず、「とにかく早く伝える」ことを目的としたプロトコルです（図25）。

動画のリアルタイム配信では、ときどき映像がコマ落ちしたり、乱れたりすることがあります。これは、ＵＤＰを使用してデータのやり取りをしているためです。

4-7 データはどうしてまぎれないのか？～通信のための港、ポート～

●複数の通信が同時に成立するのはなぜか？

家庭用のルータを用いてインターネットに接続する場合を考えてみましょう。

ルータは、世界で唯一のグローバルＩＰアドレスを持っています（１５６ページ）。あなたが受け取るどんなデータも、このルータに付与されたＩＰアドレスを宛先として運ばれます。

海の向こうのウェブサーバからのデータも、友達からのメールも同じです。

ここで小さな疑問が生まれないでしょうか。

接続している機器（パソコン）は1台しかありません。要するに、通信する機械は1台だけです。にもかかわらず、複数の相手と通信することができてしまいます。

たとえば、インターネットラジオを聴きながら、ウェブメールのサイトにアクセスして自分宛のメールを眺め、同時にソフトウェアをダウンロードしている、などということはよくあることでしょう。この場合、接続先は三つになります。つまり、3ヵ所からのデータが同じＩＰアドレス宛に同時に届いていることになりますが、通信に支障は生まれません。なぜこんなことが可能なのでしょうか？

●通信には「宛名」が必要だ

まずは比喩をもって説明してみましょう。

郵便の場合、封筒に住所を書いて切手を貼れば、手紙を配達することはできます。宛先の住所は明確だからです。しかし、これだけでは不十分ですね。手紙を届ける相手の名前……「宛名」がなければ、誰に宛てて書いた手紙かわかりません。

インターネットでも、同じことが言えます。

ＩＰアドレスがあれば、通信は可能です。データを運ぶことはできます。しかし、そのデータが「どこ宛て」なのか、宛名に当たるものがなければ、きちんと届けることができません。そのデータはブラウザで見るものなのか。メーラで見るものなのか。別のアプリケーションなのか。インターネットでやり取りするのは所詮デジタルデータ、1と0の羅列に過ぎないものですから、そこを明確にしなければまぎれてしまいます。

前項でふれたＴＣＰ、そしてＵＤＰというプロトコルは、「使用するアプリケーション」を明確にする仕組みを持っています。ＩＰと合わせて、ＴＣＰまたはＵＤＰというプロトコルが必要なのはそのためです。

インターネットでやり取りされるデジタルデータには、ＩＰアドレスと合わせて、「ポート番号」という情報が付加されます。これが「宛名」に相当するものであり、使用するアプリケーションを明確にする役割を負っています。

●閉じたり開いたりするポート

「ポート」とは港をさします。ポート番号と言えば、欧米圏に住む人は港の番号を思い浮かべます。船が出入りする港の番号です。

コンピュータにも、データが出たり入ったりする港があります。その数、6万以上。すなわ

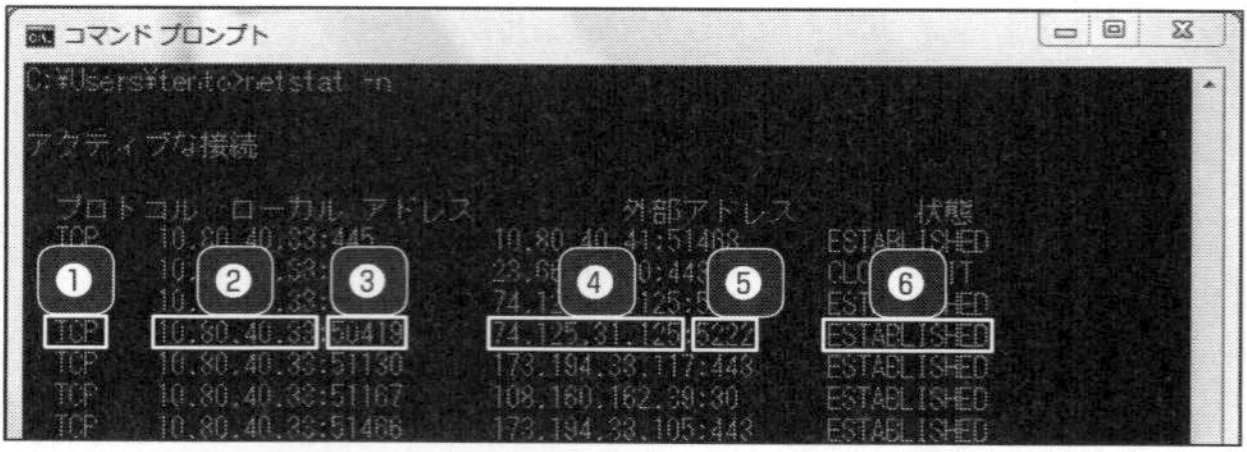

図26　IPアドレスとポート番号

「コマンドプロンプト」（137ページ）に「netstat -n」と入力することで、現在の通信の一覧と、開いているポート番号を得られる。
ポート番号は通信が終わると閉じ、別の通信を始めるときは別の番号が開く。ユーザが意識せずにアクセスが行われていることも多く、不正な通信を突き止める際にも利用される。

①通信プロトコル（170～173ページ参照）
②こちらのIPアドレス　③通信に使っているポート番号
④相手のIPアドレス　⑤通信に使っているポート番号
⑥通信が確立されている状態を示す

ち、1台のコンピュータは同時に6万通りの通信が可能なのです。

個人が使うコンピュータの場合、通信していないときにはすべてのポートは閉じています。通信するときだけ開くのです。

たとえばウェブサーバにリクエストを送るときには、6万のポートのどこかが開いて、リクエストを送ります。ウェブサーバはリクエストに応えてデータを送り返しますが、このときにはリクエストを送ったのと同じポートに入ってきます。つまり、サーバへのリクエストを伝えるデータパケットには、IPアドレスと一緒にポート番号の情報も記されているのです（図26）。

インターネットラジオで音楽データをストリーム再生しながら、メールを確認しつつ、ソフトウェアのダウンロードをする、というように、三つの通信を同時に行ってもデータがまぎれないのは、リクエストを発したポートが異なり、それゆえにデータが入ってくるポートも異なっているためです。

6万を超すポートのうち、どれを開いて通信するかは、OS（ウィンドウズやマックなど）が勝手に決めています。特別に指定しないかぎりは、通信するたびに開くポートが変わります。

ポートはユーザが明示的に「この通信のときにはこのポートを使う！」という形式で番号を指定し、開けっ放しにすることもできます。オンライン・ゲーム（ネットゲーム）は、この形式で行われることが多いようです。

よく、オンライン・ゲームはセキュリティ的に心配だ、と言われるのはこのためです。いつも同じポートを開けっ放しにすることは、いつも同じ窓を開けている家と同じで、賊が入りやすくなります。その扉からの不正な侵入を受け入れる確率が高くなるのです。

●サーバマシンは常にポートを開放している

ポートは、わたしたちが使うコンピュータだけではなく、ネット上のサーバマシンにも同じ

ポート番号	プロトコル	用途
20	FTP-DATA	ファイル転送に使用（データ本体）
23	TELNET	サーバの遠隔操作に使用
25	SMTP	メール送信（サーバ同士の通信）に使用
53	DOMAIN	DNS（ドメイン・ネーム・サービス）に使用
80	HTTP	ウェブページの閲覧に使用
110	POP3	メールの受信に使用
443	HTTPS	通信が暗号化されたウェブページの閲覧に使用

表　よく利用されるポート番号
サーバは常に、決まったポートを開けっ放しにしてユーザからのリクエストを待っている。
ウェブページのデータを求めるときはサーバのポート80にアクセスし、メールのデータを求めるときは25にアクセスする。

数だけあります。だとすれば、ウェブサーバやメールサーバへのリクエストも、開いているポート番号に向けて送らなければ意味がありません。閉じたポートに向けて送っても、向こうでそれを受理することができないからです。

しかし、通常そんなことはしません。第一、サーバがどのポートを開いてリクエストを受け付けているかなど、知りようがないのです。知りようがないのにちゃんとアクセスできるのは、いったい、なぜでしょうか？

実は、サーバには常に開放されているポートがあります。これがサーバの特徴だ、と言ってもいいかもしれません。ポート番号は通信サービスごとに、あらかじめ決まっているのです（表）。

ブラウザがＨＴＴＰで通信するとき、サーバ

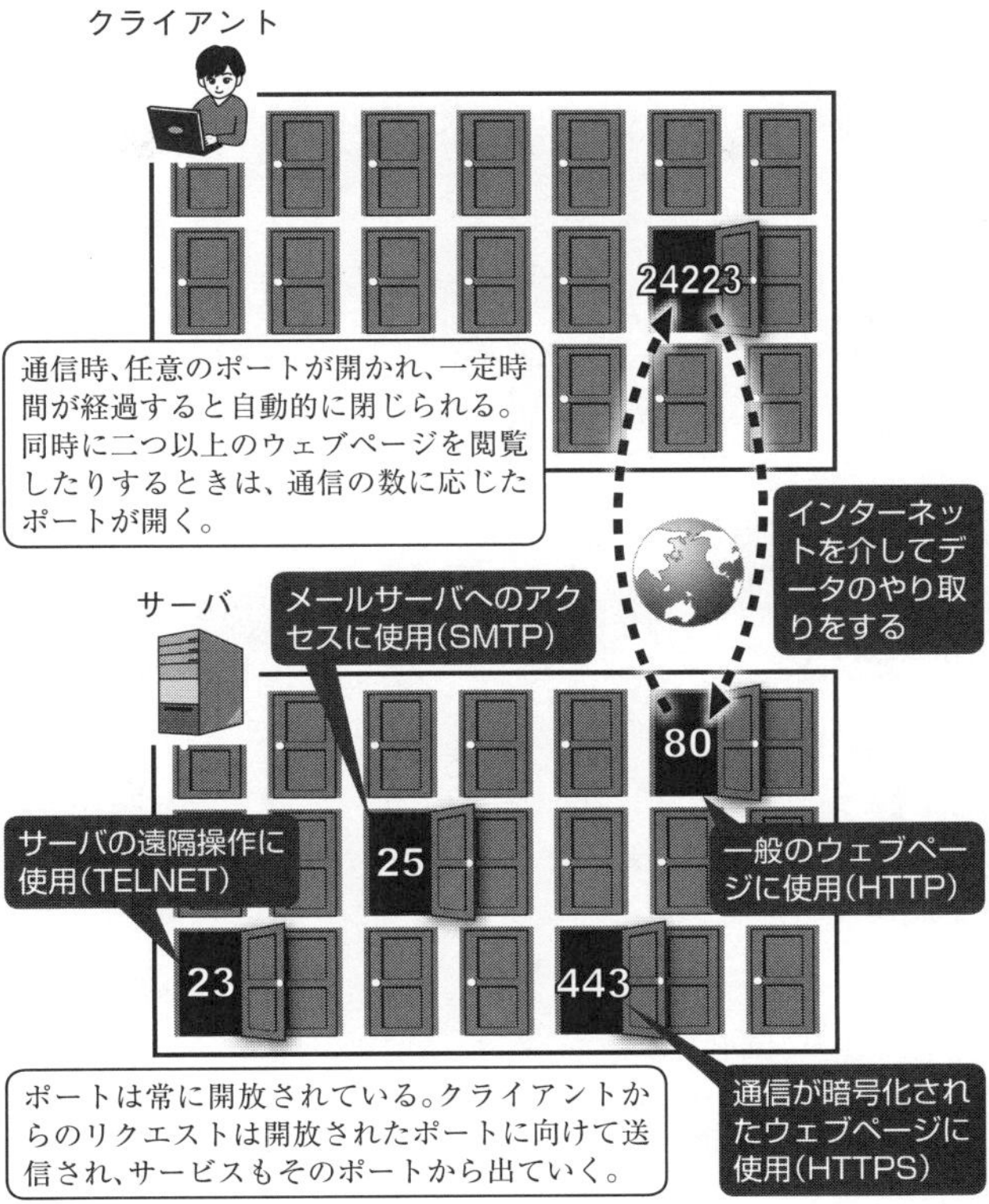
クライアント
24223
通信時、任意のポートが開かれ、一定時間が経過すると自動的に閉じられる。同時に二つ以上のウェブページを閲覧したりするときは、通信の数に応じたポートが開く。
インターネットを介してデータのやり取りをする
サーバ
メールサーバへのアクセスに使用(SMTP)
80
25
サーバの遠隔操作に使用(TELNET)
一般のウェブページに使用(HTTP)
23
443
ポートは常に開放されている。クライアントからのリクエストは開放されたポートに向けて送信され、サービスもそのポートから出ていく。
通信が暗号化されたウェブページに使用(HTTPS)

図27　ポートを介した通信
一般のパソコンにもサーバにも、「ポート」と呼ばれるものがある。データの出入り口で「港」を意味するが、扉をイメージするとわかりやすい。
パソコンのポートは通信するたびに開き、時間が経つと閉じるが、サーバはポートを開きっ放しにして、クライアントからのリクエストを待っている。

には80番のポートでリクエストを送っています。ウェブにはもう一つ、データを暗号化するＨＴＴＰＳというプロトコルがあり、こちらはネット・ショッピングなど、重要な個人情報を扱う際などに用いられています。この場合は４４３番のポートが使われます。

サーバは、自分が提供するサービスのポート番号を決めていて、あらかじめそのポートを開けっ放しにしてリクエストを待っています。ウェブサーバなら80番はいつも開けっ放し。例外はありません。

したがって、ユーザもあえて「ポート80」と断らずにリクエストを送信しています。これは誰かが決めたわけではありません。言わば「暗黙の了解」です。ウェブサーバを立ち上げる人も、ブラウザを作る人も、「ＨＴＴＰのポートは80番」で了解しあい、誰に言われたわけでもなくポート80でやり取りしています。メーラを利用してメールサーバにアクセスし、メールのデータをダウンロードするときは、ポート25を利用します（前ページ図27）。

4-8 プロトコルを分類する 〜ＯＳＩ参照モデル〜

●プロトコルを分ける

地球の裏側にいる友達とインターネットを通してメールを取り交わすためには、「通信」が成立していなくてはなりません。「通信」を成り立たせるためには、たくさんのプロトコルが必要であることは、本書でも幾度となくふれたところです。

プロトコルとは「取り決め」という意味であり、本書にも登場したＨＴＴＰ、ＦＴＰ、ＳＭＴＰ、ＩＰ、ＴＣＰなどの末尾についた「Ｐ」は、すべてProtocolの略になっています。プロトコルなくしてインターネットの「通信」は成り立ちません。そして、プロトコルは本当にたくさん存在しているのです。「インターネットとは、たくさんのプロトコルが集まったものである」と定義づけても、決して間違いにはならないでしょう。

無数ともいえるプロトコルを、秩序だてて見られるようにしよう、という動きが70年代後半から活性化します。ＯＳＩ（Open Systems Interconnection）参照モデル（次ページ図28）と呼ばれるモデルが作られることになりました。

このモデルは、国際標準化機構（ＩＳＯ／International Organization for Standardization）により策定された国際規格になっています。現在ではネットワーク／インターネットを考える際には、なくてはならぬものとして重要視されるようになりました。

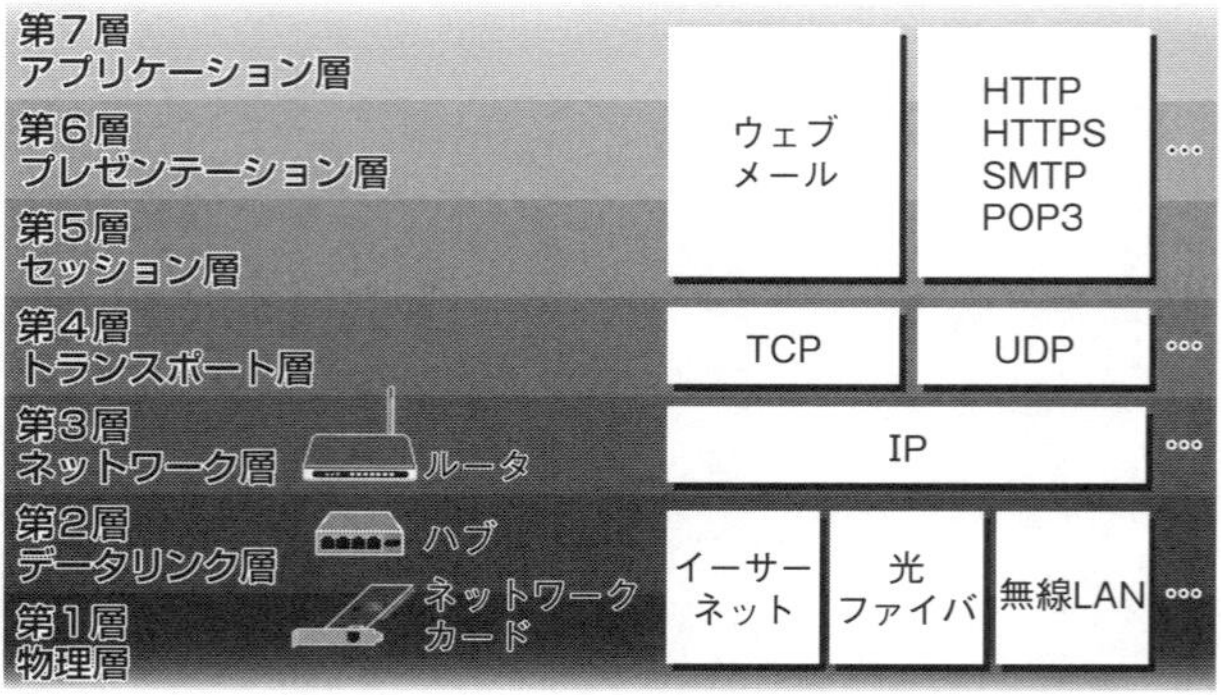

図28　OSI参照モデル

●OSI参照モデルが生まれたわけ

それにしても、なぜこのようなものが必要とされるのでしょうか。

OSI参照モデルを理解することなくして、ネットワーク管理者になることはできないと言われます。また、新たに生み出される通信機器は、このモデルと深い関係を持たずに生まれることはできない、と言われます。なぜ、そこまで重要視されるのでしょう？

それを知るためには、少々昔のことを知らなければなりません。

OSI参照モデルが議論されはじめた70年代後半という時代は、コンピュータがつながり、ネットワークがぼちぼち生まれはじめたころでした。当時、コンピュータはメーカーごとに独自のプロトコルを持ち、他メーカーのマシンとはつながることができないのが普通でした。

当時の技術がその程度だった、とも言えますし、「通信したければ、ウチの製品を買ってください」というメーカーの販売戦略も当然あったのです。

ただ、この状態は大変不便です。異なるメーカー、異なる機器とだって通信したい！「プロトコルはこうすべし」とあらかじめ決めてあって、それに従えばあらゆるメーカー、あらゆる機器とつながることが可能になる。そういう状態こそ望ましいのです。ＯＳＩ参照モデルはこうして生まれることになりました。

●ＯＳＩ参照モデルの階層構造

図28を見ればわかると思いますが、ＯＳＩ参照モデルは、階層構造を成しています。第1層から第7層まで、あたかも地層のように、区分けされて存在しているのです。

「通信」するために使用される無数に近いプロトコルは、必ず七つの「層」のいずれかに合致するようになっています。たとえば、ＩＰは第3層「ネットワーク層」に、ＴＣＰは第4層「トランスポート層」に含まれています。

ＯＳＩ参照モデルはこのようにプロトコルを階層化して表現しているのですが、こうした構造をとったのは、それが「変わった場合」を考えたからです。

たとえば、通信回線を変更する機会はあるでしょう。これまで電話回線を使っていたのに、今月から光回線を使って通信するようになったとします。

この場合、プロトコルが無数にあって整理されていないと、その一つ一つに関してチェックする必要が生じてしまいます。電話回線が光回線に変わっただけなのに、メールがきちんと送受信できるか、テストしなければならなくなるのです。

七つの階層に分けたのはそのためです。変更はあくまで第1層「物理層」で成されました。当然、この層に属するプロトコルはチェックしなければならないけれども、他の層に存在するプロトコルにはいっさい影響がありません。通信回線が変わっても、これまでと同じように通信することが可能なのです。七つの階層はこうした影響関係の有無から生まれました。

階層は「下のプロトコルが成立することによって、上のプロトコルも成り立つ」という形で決められていきました。これは、ＩＰが成立していなければ、ＨＴＴＰを用いてウェブページを閲覧することはできないことを知っている方なら、理解できることでしょう。

5章

「メールの送受信」の背景にあるもの

前章まで、メールがなぜ届くのか——インターネットを通してデータがどのように運ばれるのかを見てきました。

本章では、インターネットの歴史を振り返りつつ、インターネットの「性格」を見てみることにしましょう。

インターネットは確かに、ある「性格」を持っています。それは、わたしたちの日常のネット利用（ウェブ・ブラウズやメールのやり取りなど）に、現在も大きな影響を与えているのです。

●インターネットの誕生

１９５７年、ソビエト連邦（現在のロシア）が世界初の人工衛星スプートニクの打ち上げに成功しました。これがインターネット誕生の直接の契機になりました。

アメリカとソ連が核ミサイルを備えていがみあっていた冷戦時代、スプートニクの打ち上げはアメリカの政治家や軍人を文字どおり震撼させました。いつなんどき、ソ連が人工衛星を利用してアメリカ本土を攻撃するかわからない！　早急に迎撃態勢を整えると共に、実際に攻撃されたときの備えをしておくことも急務とされました。インターネットの前身であるアーパネット（ARPANET）の研究は、これを契機として始まっています。

アーパネットは、遠く離れた場所にあるコンピュータ同士を電話回線を通じてつなぎあわせ、パケット交換方式を用いてネットワークを形成する試みでした。機密を大量に蓄えたメインコンピュータが攻撃されれば、まったく身動きがとれなくなってしまいます。そこで、情報を数台のコンピュータで共有し、分散して管理する仕組みが考えられたのです。どこかが攻撃されてコンピュータがダウンしても、データは別の場所で生きている。相互の通信経路も複数にして、どこかが破壊されても通信が保持できる仕組みが考えられました。

コンピュータ・ネットワーク（コンピュータをつなぎあわせる形）には、大きく分けて二つの形態があります。

一つは「中心」が存在する場合。中央にあるメインコンピュータと、それにぶら下がる端末がハッキリ分かれている形です。銀行やコンビニエンスストアなどの管理システムは、この方式が取られています。端末同士の通信は、すべてメインマシンを通って行われ、情報は中央に蓄積されます。

これはすべてを統括することができるため、全体の管理がしやすいというメリットがありますが、非常事態には向いていません。中央で事故があった場合、ネットワーク全体が機能不全になってしまうからです。

アーパネットは当初から、そうではない形……すなわち「中心がない形」で開発が構想されました。大切なのは「情報が分散して管理されること」であり、そのためには「中心」があってはならなかったのです。

これは、インターネットがその始まりから持っていた重要な特徴の一つです。大切なのはネットに接続している個々のネットワークであり、それを構成するそれぞれのマシンです。通信の際にも、通信したい両端だけですべてが完結します（1－4節、38～41ページ参照）。中央のメインマシンを通って、という形は現在でも取られていません。

●ネットワークの発達

アーパネットが最初に実現したのは、アメリカの各地にある4台のコンピュータを結びつけることでした。1969年のことです。ここではじめて「離れた場所にあるコンピュータをつなぐ」ことが可能になりました。

それとほぼ同時に、ネットワーク――すなわち「近くにあるコンピュータ同士を結びつける」ことが実用化していきます。こちらは軍の主導ではなく、むしろユーザ・サイドの現実的なニーズから広まっていったと言われています。

コンピュータをつなぎあわせて、ハードウェアやソフトウェアを「共有」する。そこには、大きなメリットがあったのです。

●「共有」という考え方

かつてのコンピュータは現在よりずっと性能が低かったため、一つの計算をこなすためにとても長い時間がかかりました。処理に一晩かかる、というようなことも普通にあったのです。

ファイルの「共有」、すなわちこのマシンにあるファイルにあちらからもアクセス可能にすることによって、複数台のマシンでの計算が容易になります。

また、周辺機器の共有も望まれていました。たとえばプリンタは、今でこそ家電量販店に行けば格安で入手できますが、かつては最も高価な機器の一つでした。すべてのマシンにつなぐのはとても不経済です。印刷したいときは、プリンタが接続されているマシンにファイルを送りつけて印刷できるといい。コンピュータがつながっていることには、そういった現実的なメリットがあったのです。

共有するべきだ、と考えられていたのは機器だけではありません。プログラム……ソフトウエアもまた、不足しているものの一つでした。

プログラムとは早い話がコンピュータに対する命令書です。以前のコンピュータはプログラムを「書いて」使うものでしたから、動かすためには誰かが書かねばなりません。しかし、プログラムを共有することができれば、みんなで使うことができるのです。

すでにあるプログラムを改良して使い勝手をよくする、ということも日常的に行われていました。こうした改良プログラムも、共有されていればみんながよりよいものを使うことができます。多くの目にさらされることで、修正も早くなります。

ネットワークが発達した背景には、そんな現実的なニーズがありました。こうして、企業や研究機関などで独自にコンピュータ・ネットワークが形作られていきます。

●ファイル転送から電子メールへ

当初は「離れた場所にあるコンピュータをつなぐ」だけだったアーパネットも、やがてネットワーク同士を結びつけるようになります。ネットワークのネットワーク――すなわちインターネットが生まれるのです。

最も早い段階で実現されたのは、インターネットでファイルを転送するためのプロトコルFTP（File Transfer Protocol）でした。これは、現在でもウェブサーバの管理者がページの内容を更新したり、新たなページを構築したりする際に、日常的に利用しているプロトコルです。

やがて、転送するファイルに私的な連絡事項を書いて送る連中が現れました。これは便利だということになり、メッセージ伝達のための基本的な仕組みや、現在でも用いられる@を使うメールアドレスが整備され、電子メールが誕生しました。1970年代初頭のことです。議論のための基盤としてのメーリングリスト（グループ内でメール回覧する仕組み）もほどなくして誕生し、デジタルデータのやり取りによってさまざまなメッセージが行き交うようになります。

わたしたちが調べものをしたり、ネット・ショッピングしたりするために活用するワールド・ワイド・ウェブ（WWW）も、ファイル転送の一風変わった形態として1990年代前半に登場しました（はじめてのウェブサイトは53ページ図5参照）。

このときにはすでに、アーパネットから軍事研究部門が分離され、現在のインターネットが確立しています。

●学者と研究者のネットワーク

アーパネットは軍事目的で開発が始まりましたが、その研究は軍ではなく大学に委託されていました。つまり、つながっていたのは大学のコンピュータだったのです。そこには、「研究機関の情報の流通を盛んにすることによって、開発を活発にしたい」という狙いがあったと言われています。

したがって、アーパネットを通してファイル転送や共有の仕組みを作り、電子メールを使ってやり取りしていたのは学者たちです。このことが、現在のインターネットの性格を決定づけている、と言えます。

学者たちは、ネットへの接続規格（ＴＣＰ／ＩＰ）をできるだけ簡単なものにしようと考えました。参入のための障壁をできるだけ低くして、「誰もが参加できるもの」にしようとしたのです。

学者や研究者にとって大切なのは、デジタルデータの「通信」を可能にすることによって、情報を蓄積し、議論を深め、知識を豊かにすることです。多くの人に自分の論文を見てもらい、多くの人の意見を受け取りたい。そのためには、より多くの学者・研究者に参加してもらう必要があります。

これを可能とするために、インターネットの仕様と規格は、包み隠さずすべてがオープンなものになりました。接続のための免許もお金も必要なく、一切の秘密がありません。機器と技術さえあれば、誰でも参加することができるのです。

当時のインターネットには、「セキュリティ」という考え方はほとんどありませんでした。所詮は学者・研究者のネットワーク、悪意を持つ誰かが参加するなどということは、まったく想像の外にありました。

かつて農村では、「家にカギをかける」という習慣がなく、家を留守にするときも平気で玄関や縁側を開け放して出かけていたと言います。インターネットの基盤技術も、それとよく似たところがあります。泥棒なんかいない、悪い奴なんかいない。開けっぴろげで、来る者は誰も拒まない。

人間にたとえるなら、「お人好し」と言っていいでしょう。インターネットは、この性格を保持したまま成長していきます。

●認可は必要なく、無料で利用できる

2014年現在、インターネットは世界人口の3分の1以上が参加する巨大なものになっています。少なくとも原理上は、それを構成するすべてのコンピュータと通信が可能です。人類がこれほどの規模の「つながり」を手にしたのは、有史以来はじめてのことでしょう。

インターネットがこれほどの広がりを持つことができたのも、その性格ゆえである、と言うことができます。

ネット接続するために、認可はいりません。たとえば自動車免許のような、「誰かが認めた免状」はまったく必要なく、誰もが接続することができます。

また、インターネットには料金も必要ありません。「通信料金を毎月支払ってるよ！」と言う人も多いでしょうが、それはプロバイダに「ネット接続の窓口」を提供してもらう代金とし

て支払っているので、インターネットそのもの（世界の裏側に住む人とも瞬時に通信できる仕組み）にお金を払ってはいません。すべてが無料で提供されています。

このように、参加のための障壁がほとんどない、というインターネットの性格は、現在も生きています。

●迷惑メールはなぜ送られるのか

現在、「インターネットの問題」として取り上げられる多くのことは、ネットが持つこの性格に端を発しています。

たとえば、迷惑メールです。近年はプロバイダでの選別や、メーラ、あるいはウェブメールのフィルター機能が充実したため、目にすることは少なくなっていますが、現在も無数の迷惑メールがあなたのメールアドレス宛に送られています。多くはそのままゴミ箱行きになっていますが、拒むことはできていません。インターネットには、「拒むための仕組み」が存在していないからです。送られた以上は、受け取らなければならないのです。

本書の4章では、「データを運ぶ仕組み」について述べています。「運ぶ」「届ける」ための仕組みは持っていても、「拒む」仕組みがないのがインターネットです。これはセキュリティをまったく考えずに基盤技術が作られたためだ、と言ってもいいでしょう。

メールは所詮デジタルデータですから、いくらでも複製が可能です。宛先はあてずっぽうでも、無数にメールアドレスを用意して、機械的に一斉送信するのは難しいことではありません。「迷惑メールを送る側」の負担はほとんどないのです。

同様に、ウェブ上にはたくさんの「悪意あるサイト」があります。あなたのマシンの中身をめちゃくちゃにしたり、身におぼえのない犯罪に荷担させられたり、クレジットカードの番号を盗まれたり、被害は枚挙にいとまがありません。

こうした被害は、ネットが便利になればなるほど、ユーザ数が増えれば増えるほど増加していきます。

インターネットには、こうした「悪意あるユーザ」の参加を拒む術がありません。無認可・無料であるインターネットは、いわゆる「インターネット犯罪」を助長する仕組みでできあがっている、と言っても過言ではないでしょう。

現在は国でも企業でも団体でも、セキュリティがかまびすしく叫ばれます。しかし、インターネットに接続し、それを利用する以上、脅威にさらされ続ける状況を拒むことはできません。

「最高のセキュリティとは、コンピュータを使わず、紙と鉛筆を使うことだ」とはよく言われることです。これは冗談でもなんでもなく、「インターネットに接続すること」は「悪意あるユーザの標的になること」を意味していると言うことができます。「お人好し」なインターネットは、悪人すら拒まないのです。

●インターネットのよい点は？

もちろん、悪いことばかりではない、とは多くの人が感じていることでしょう。

インターネット以前、地球の裏側にいる友達と瞬時に連絡を取る方法など、ありませんでした。国際電話をかける、という方法は存在しましたが、これには高額の通話料金が要求されました。

わたしたちは、まさに「無料で」地球の裏側にいる友達とメールのやり取りをすることができます。インターネットの回線を利用した、スカイプに代表される無料通話も一般的になりましたし、望めばテレビ電話を使うこともできます。これらもすべて「無料」です。インターネットがもたらした「よい点」は、「悪い点」と同じか、それを上回るほどたくさんあるでしょう。

そうした個人ユースでの利点以外にも、インターネットはとても希有な特徴を持っています。最後に、これについて語っておくことにしましょう。

●「管理する人」がいない

大げさな言い方になりますが、人間の長い歴史の中で、インターネットのような存在が登場したのははじめてのことです。

インターネットには、「管理者」がいません。インターネットの前身アーパネットは「情報を分散して管理する」ことを目的として構築されましたから、それを受け継いだインターネットにも、分散管理の思想が行き届いています。各ネットワークには管理者・責任者がいますが、それがつながって地球サイズになったインターネットには、「管理する人」が存在しないのです。誰かがコントロールするのではなく、自律して動いている。それがインターネットです。

それで事故は起きないのか。万が一起きたときはどうするのか。そんな疑問がわいてきます。

実は、事故はしょっちゅう起きています。

何らかの要因で通信経路が途絶えてしまい、ある国のネットワークがすっぽりインターネットの上から消えてしまったこともあります。ネットワーク同士が分断されてしまい、通信できなくなる事故も、何度か起きています。167ページのコラムで述べた、世界のユーザが

ＹｏｕＴｕｂｅにアクセスできなくなった事件も、その一例です。

こうした場合でも、事故はたいがい数時間で収束します。管理者――つまり、事態の収束のために号令する人がいないのに、事故への対処はすみやかに行われているのです。

●「オープン」とは「誰もが対処できる」ということだ

管理者不在にもかかわらず、インターネットがすみやかに事故に対処できる理由はいくつかあげることができますが、最も大きな理由は「誰もが望めば問題に対処できる」という点にあります。

インターネットの仕様は基本的にオープンです。秘密はほとんどありません。運用のための情報やノウハウはすべて公開され、誰でも望んだときにアクセスすることができます。それらの情報を使って研究したり計測したりする際にも、誰かにおうかがいを立てる必要はありません。勝手にやっていいのです。

このように、「仕組み」は誰の目にも透明な形で公開されています。

さらに、「方法」も各人が一様に持っているのです。

たとえば、１６５~１６７ページで例にあげたtracert（traceroute）コマンドは、インターネットの経路情報を調べるために、各コンピュータに備えられています。これを使えば、自分が送受信するデータが、世界のどこから送られ、どういう経路をたどって運ばれているのかが、包み隠さず提示されるのです。こうしたコマンドは他にもいくつかあります。

あなたに知識があるのなら、トラブルの原因は究明できる。対処法も考えることができる。つまり、インターネットとはあなた自身が管理者なのです。誰もが参加することができて、誰もが管理することができる。これは究極の自由だ、と言ってもいいでしょう。

事実、インターネットの事故は世界の有志がこぞって原因を究明し、対処に当たることで短時間で収束することができています。彼らは管理者ではありません。単に知識があるだけの、あなたと同じ一般ユーザです。

本書で幾度となく述べてきたインターネットで通信するための取り決め――プロトコルも、管理者が考え出したものではありません。IETF（Internet Engineering Task Force）という組織で話し合って決められたものです。「組織」と言ってもIETFの縛りはゆるく、誰もが参加できるようになっています。むろん、あなたも参加することが可能です。

IETFで決められた技術仕様は、RFC（次ページ図）という名で公開されます。RFCとはRequest for Comments、「コメント求めます」の略です。インターネットはいつでも、あなたのコメントを待っている、という意思表示だと言えるでしょう。

わたしたちが日常使用するインターネット――ウェブサイトの閲覧やメールのやり取りな

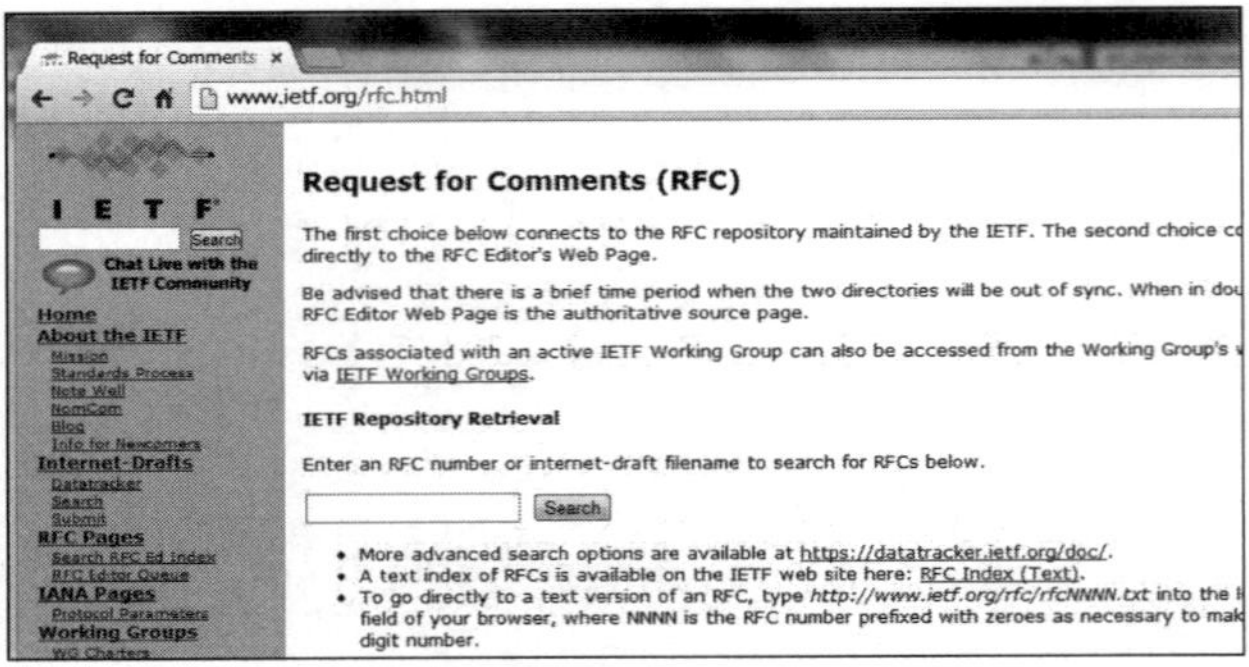

図　RFCのウェブページ

どーーは、そんな「自由な」技術基盤の上に成り立っています。

　地球の裏側に住む友達からのメールが、海を越えて配達されて、あなたのメールボックスに入る。その事実の背景には、言わば「自由が作りだした仕組み」が存在しているのです。

おわりに

メールはなぜ届くのか――。

このテーマは、ブルーバックス出版部から与えられた「お題」でした。「今どきメールかよ！」と思ったのを、正直に告白しておきます。

本書の5章にて簡単に述べましたが、電子メールはかつて、インターネットの応用技術の王様でした。メールがインターネットを浸透させ、現在に至る広がりを作った。そう言っても過言ではありません。

しかし、現在はメールとまったく同じ役割を果たす手軽なサービスがいくつもあります。ぼく自身、それらの「新しい方法」を利用することがとても多くなっているため、メールをテーマとして本を作ることには若干の抵抗を感じていました。すでに王座から降りたかつての王様について述べるより、これから王座につくであろうサービスに着目したほうが、多くの人にとって実りある説明ができるのではないか。そんな気がしてならなかったのです。テキスト主体の通信手段としての電子メールは、今後ますます数あるサービスのワン・オブ・ゼムになっていくでしょうし、ユーザも次第に減っていくでしょう。それが多くの識者の見解です。ぼく自身もそう思っています。

しかし、本の構成についてあれこれ思いをめぐらし、編集者と打ち合わせを重ね、実際に執筆作業を進めるうちに、これは面白いかもしれないぞ、と思うようになりました。「メールはなぜ届くのか」とてもいいじゃないか。そう思うようになっていったのです。

理由は二つあります。

一つは、このテーマを人に語ったときの、圧倒的な「通りのよさ」です。

「いま、『メールはなぜ届くのか』という本を書いているんだよ」

そう言うと、多くの人は「ああ、それはいいね」と言ってくれます。ITについてとても詳しい人からも、まったくうとい人からも、ほぼ同じ反応が返ってきます。この「通りのよさ」は、たぶん他の言葉では代用できないでしょう。「メール」という通信手段はそれだけ一般性を持っており、誰に対しても訴えられる強さを保持しているのです。少なくとも、「今どきメールかよ！」などと性格の悪いことを言う人は、ぼくのまわりには一人もいませんでした（単にいい人ばかりなのかもしれませんが！）。

もう一つ、重要な理由があります。

電子メールはいい意味で「枯れた」という表現を使ってもいい古い技術です。そんな技術について述べることは、いきおい「コンピュータそのもの」「インターネットそのもの」について語ることになります。それは、ぼく自身のテーマでもありました。

ぼくは、子ども向けICT/プログラミングスクール「TENTO」のスタッフとして、多くの子どもたちと接してきました。彼らと接していてよくわかるのは、「ITの知識・スキルは、それまでの経歴によってまるで違う」ということです。

ある子は小学2年生にもかかわらず、毎日のようにパソコンにさわっていて、ネットのことなら大概は知っています。もう一人は中学2年になりますが、IT機器を「怖いもの・苦手なもの」と感じていて、マウスを握るのさえビクビクしなければならないのです。当然のこと、この小学2年生は、ITの面では中学2年生より優れています。他のジャンルではこんなことは、まず起こり得ません。ただITだけが、こうした状況を許しているのです。

本書は「メール」というありふれたものを題材に、前述したIT機器のことが「怖い人・苦手な人」でも理解できるように構成しました。同時に、「得意な人」も、あえて勉強しなければ身に付かないような知識を網羅しています。もし、この本を読んでこのジャンルに興味を持ったなら、巻末の参考文献のリストなどを参考に勉強するとよいでしょう。

最後に、この本を作るためにお世話になった多くの人にお礼を申し上げておかなければなりません。

ステキなカバーイラストを描き下ろしてくれたイラストレーターの森マサコさん。この本はカバーだけでなく、本の中でも随所にかわいい「犬と猫」が登場していますが、これはTENTOのシンボルである犬の「テントくん」および猫の「パオちゃん」です。どうもありがとう。

わかりやすいイラストで拙いぼくの文章を補ってくれたイラストレーターの長澤リカさんにもお礼を申し上げないとなりません。

また、たび重なるトラブルにもかかわらず、ぼくに助言を与えると共に原稿の完成を辛抱強く待ってくださったブルーバックス出版部の小澤久さん、編集担当の西田岳郎さん。本当にありがとうございます。

面倒な査読をこころよく引き受けてくれたTENTOの竹林暁さん。本当にありがとうございました。

2014年4月
草野真一

参考文献

『図解 ネットワーク 仕事で使える基本の知識』増田若奈著　技術評論社
『図解 サーバー 仕事で使える基本の知識』増田若奈著　技術評論社
『これだけは知っておきたい サーバの常識』小島太郎、佐藤尚孝、佐野裕著　技術評論社
『これならわかるサーバ　入門の入門』瀬下貴加子著　翔泳社
『ゼロからわかるネットワーク超入門～TCP／IP基本のキホン』柴田晃著　技術評論社
『いちばんやさしいネットワークの本』五十嵐順子著　技術評論社
『わかるWi-Fi』勝田有一朗著　工学社
『なるほどナットク！　サーバがわかる本』小野哲監修、小関裕明著　オーム社
『図解　クラウド早わかり』八子知礼著　中経出版
『クラウドの衝撃』城田真琴著　東洋経済新報社
『グーグル―Google　既存のビジネスを破壊する』佐々木俊尚著　文藝春秋
『アップル、グーグル、マイクロソフト　クラウド、携帯端末戦争のゆくえ』岡嶋裕史著　光文社
『図解Q&Aモバイル事典』南謙治著　秀和システム

『図解Q&Aクラウド事典』学び・ing著　秀和システム
『Googleの全貌　そのサービス戦略と技術』日経コンピュータ著　日経BP社
『クラウド情報整理術』村上崇著　日本能率協会マネジメントセンター
『Googleの正体』牧野武文著　毎日コミュニケーションズ
『今すぐ使える！　クラウド・コンピューティング知的生産活用術』洋泉社
『最新　図解でわかるPCアーキテクチャのすべて』小泉修著　日本実業出版社
『新教養としてのパソコン入門　コンピュータのきもち』山形浩生著　アスキー
『ラジカルなコンピュータ用語辞典』岩谷宏著　ソフトバンククリエイティブ
『コンピュータのひみつ』山本貴光著　朝日出版社
『コンピュータはなぜ動くのか　知っておきたいハードウエア&ソフトウエアの基礎知識』矢沢久雄、日経ソフトウエア著　日経BP社
『ネットワークはなぜつながるのか　知っておきたいTCP／IP、LAN、ADSLの基礎知識』戸根勤著　日経BP社
『図解でよくわかる　ネットワークの重要用語解説』きたみりゅうじ著　技術評論社
『図解でわかる　ネットワークプロトコル』日経NETWORK編　日経BP社
『みるみるわかるネットワーク』日経NETWORK編　日経BP社

『携帯電話はなぜつながるのか　第2版』中嶋信生、有田武美、樋口健一著　日経BP社
『インターネットのカタチ　もろさが織り成す粘り強い世界』あきみち、空閑洋平著　オーム社
『郵便と糸電話でわかるインターネットのしくみ』岡嶋裕史著　集英社

【ま行】

【や行】

【ら・わ行】

【さ行】

【た行】

【あ行】

【か行】

さくいん

N.D.C.548　213p　18cm

ブルーバックス　B-1825

メールはなぜ届《とど》くのか
インターネットのしくみがよくわかる

2014年 5 月20日　第 1 刷発行
2023年11月14日　第 4 刷発行

著者　草《くさ》野《の》真一《しんいち》
発行者　髙橋明男
発行所　株式会社講談社
〒112-8001 東京都文京区音羽2-12-21
電話　出版　03-5395-3524
販売　03-5395-4415
業務　03-5395-3615
印刷所　(本文印刷) 株式会社ＫＰＳプロダクツ
(カバー表紙印刷) 信毎書籍印刷株式会社
本文データ制作　ブルーバックス
製本所　株式会社国宝社

ISBN978−4−06−257825−7

発刊のことば

科学をあなたのポケットに

二十世紀最大の特色は、それが科学時代であるということです。科学は日に日に進歩を続け、止まるところを知りません。ひと昔前の夢物語もどんどん現実化しており、今やわれわれの生活のすべてが、科学によってゆり動かされているといっても過言ではないでしょう。

そのような背景を考えれば、学者や学生はもちろん、産業人も、セールスマンも、ジャーナリストも、家庭の主婦も、みんなが科学を知らなければ、時代の流れに逆らうことになるでしょう。

ブルーバックス発刊の意義と必然性はそこにあります。このシリーズは、読む人に科学的に物を考える習慣と、科学的に物を見る目を養っていただくことを最大の目標にしています。そのためには、単に原理や法則の解説に終始するのではなくて、政治や経済など、社会科学や人文科学にも関連させて、広い視野から問題を追究していきます。科学はむずかしいという先入観を改める表現と構成、それも類書にないブルーバックスの特色であると信じます。

一九六三年九月　野間省一